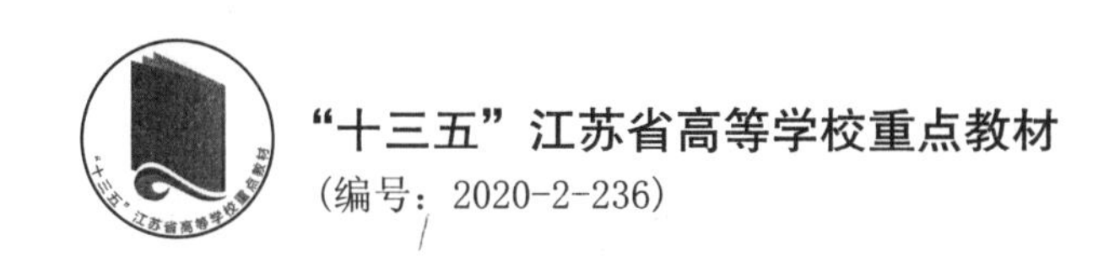

R语言在生物统计中的应用

主　编　杨泽峰
副主编　徐　扬　鲁　月　李鹏程
编　委（按照拼音排序）
陈茹佳　陈　源　崔彦茹
方慧敏　黄晓敏　李鹏程
李钱峰　鲁　月　陶天云
徐辰武　徐　扬　杨泽峰
张恩盈　张　旭　赵　愈
周　勇

扫码加入读者圈，轻松解决重难点

南京大学出版社

图书在版编目(CIP)数据

R语言在生物统计中的应用 / 杨泽峰主编. —南京：南京大学出版社，2022.2

ISBN 978-7-305-25227-3

Ⅰ.①R… Ⅱ.①杨… Ⅲ.①程序语言—程序设计—应用—生物统计—研究 Ⅳ.①Q-332

中国版本图书馆CIP数据核字(2021)第261891号

出版发行 南京大学出版社
社　　址 南京市汉口路22号　　邮　　编 210093
出 版 人 金鑫荣

书　　名 R语言在生物统计中的应用
主　　编 杨泽峰
责任编辑 吴　华　　编辑热线 025-83596997

照　　排 南京开卷文化传媒有限公司
印　　刷 丹阳兴华印务有限公司
开　　本 787×1092 1/16开 印张11.75 字数271千
版　　次 2022年2月第1版 2022年2月第1次印刷
ISBN 978-7-305-25227-3
定　　价 36.00元

网　　址:http://www.njupco.com
官方微博:http://weibo.com/njupco
微信服务号:njuyuexue
销售咨询热线:(025)83594756

前　言

统计学是关于认识客观现象总体数量特征和数量关系的科学，是通过搜集、整理、分析统计资料，认识客观现象数量规律性的方法论科学。统计学也是农学和生命科学领域进行科学研究不可或缺的工具，目前绝大部分高校生命科学类、植物生产类和动物生产类相关本科专业将生物统计学课程作为了学科基础课程。随着现代信息技术和现代生物技术的快速发展，生物学数据分析已经进入了“大数据分析”时代，新概念和新分析方法层出不穷，学生掌握利用统计软件进行数据分析的能力，对提高学生的创新实践能力，提升其综合素质具有至关重要的作用。

R语言是一个自由、免费、源代码开放的软件，是一个用于统计计算和统计制图的优秀工具。R语言具备高效的数据处理和存储功能，擅长数据矩阵操作，具备良好的可扩展性，提供了大量适用于数据分析的工具包，支持各类数据可视化输出，在农学和生物类专业统计类课程教学中具有广阔应用前景。因而，开展R语言相关的统计软件教学实践，不仅有助于破除国外知识产权壁垒，其丰富的可扩展软件包还将显著提升学生的创新思维和创造能力。

本书以简明、实用的方式，介绍了R语言在农学和生物学数据分析中的常用方法，包括描述性统计分析、图表的制作、常用概率分布分析、假设测验、方差分析、相关和回归分析、聚类分析、主成分分析、非参数测验等，并对输出结果作出了在生物学意义上的解释和推断。本书可以作为农学和生物学各专业生物统计学的辅助教材，也可以作为常用统计软件的应用等课程的教材。本教材采用“纸质教材＋电子资源”的出版模式，在纸质教材的知识框架基础上，利用电子资源辅助对课程的学习，读者可以通过网站下载相关的电子资料，网站地址为：http://nxy.yzu.edu.cn/info/1291/4906.htm。

本教材已被列入江苏省高等学校重点教材立项建设项目和扬州大学重点教材建设项目。教材的出版得到了国家一流本科专业建设点（农学、种子科学与工程）、江苏省作物学优势学科、江苏省高校“青蓝工程”优秀教学团队、国家一流本科课程（生物统计与试验设计）、江苏省一流本科课程（常用统计软件的应用）、江苏省高等教育教改研究项目、扬州大学教改项目和扬州大学出版基金等项目的资助，在此一并表示感谢。

限于水平有限，书中难免有不当之处，敬请读者批评指正。

编　者

2021年12月

目　录

第 1 章　R 语言基础 …… 1

1.1　R 的特点 …… 1
1.2　R 的获取与安装 …… 2
1.3　R 的菜单操作 …… 3
1.4　工作空间 …… 5
1.5　程序包 …… 6
1.6　RStudio 简介 …… 7

第 2 章　基本数据管理 …… 13

2.1　创建数据集 …… 13
2.2　数据的读取和存储 …… 21
2.3　R 的运算符 …… 23
2.4　R 常用函数及其应用 …… 25
2.5　编辑数据集 …… 31
2.6　R 语言编程简介 …… 37

第 3 章　描述性统计 …… 44

3.1　利用函数求解描述性统计数 …… 44
3.2　描述性统计数的相关软件包 …… 46
3.3　分组描述性统计 …… 50
3.4　频数分布分析 …… 52

第 4 章　假设测验 …… 59

4.1　F 测验 …… 59
4.2　t 测验 …… 60
4.3　卡方测验 …… 66

第 5 章　方差分析 …… 69

5.1　方差分析常用函数和包简介 …… 69
5.2　单因素试验资料的方差分析 …… 71

5.3 两向分组资料的方差分析 …… 74
5.4 二因素完全随机化试验资料的方差分析 …… 76
5.5 二因素随机区组试验资料的方差分析 …… 78
5.6 系统分组试验资料的方差分析 …… 80
5.7 品种区域试验资料的方差分析 …… 82
5.8 裂区试验资料的方差分析 …… 86
5.9 协方差分析 …… 88

第6章 相关与回归分析 …… 96

6.1 线性相关分析 …… 96
6.2 一元线性回归分析 …… 105
6.3 多元线性回归分析 …… 108
6.4 非线性回归 …… 111
6.5 二分类变量 Logistic 回归 …… 112

第7章 聚类分析和判别分析 …… 119

7.1 系统聚类分析 …… 119
7.2 动态聚类分析 …… 127
7.3 判别分析 …… 130

第8章 主成分分析和因子分析 …… 137

8.1 主成分分析 …… 137
8.2 因子分析 …… 141
8.3 主成分分析与因子分析的关系 …… 146

第9章 非参数测验 …… 149

9.1 二项分布检验 …… 149
9.2 Kolmogorov-Smirnov 检验 …… 150
9.3 两个独立样本的测验 …… 152
9.4 多个独立样本的测验 …… 153
9.5 两个配对样本的测验 …… 155
9.6 多个配对样本的测验 …… 156

第10章 数据可视化 …… 159

10.1 基于R基础的数据可视化 …… 159
10.2 基于 ggplot2 的数据可视化 …… 165
10.3 基于 ggplot2 的拓展包应用举例 …… 173
10.4 其他数据可视化专用R包 …… 176

主要参考文献 …… 182

第1章

R 语言基础

R 是一套完整的集数据操作处理、计算、制图和图形展示于一体的软件系统。其主要功能包括:数据存储和处理功能,数组运算功能(其向量、矩阵运算方面的功能尤其强大),完整连贯的数据分析功能,优秀的统计制图和图形展示功能。此外,它还是一套完善、简单、有效、强大的编程语言(包括条件、循环、自定义函数、输入输出功能),可操纵数据的输入和输出,实现分支、循环和自定义函数等功能。

1.1 R 的特点

R 是统计领域广泛使用的诞生于 1980 年左右的 S 语言的一个分支,可以认为 R 是 S 语言的一种实现。S 语言是由 AT&T 贝尔实验室开发的一种用来进行数据探索、统计分析和作图的解释型语言。最初 S 语言的实现版本主要是 S-PLUS,其是基于 S 语言的一个商业软件,并由 MathSoft 公司的统计科学部进一步完善。后来新西兰奥克兰大学的 Robert Gentleman 和 Ross Ihaka 及其他志愿人员开发了一个 R 系统。

R 可以运行于 UNIX、Windows 和 Macintosh 等的操作系统上,而且嵌入了一个非常方便实用的帮助系统,相比于其他统计分析软件,R 还有以下特点:

(1) R 是完全免费的自由软件。用户可以在它的网站及其镜像中自由下载任何有关的安装程序、源代码、程序包及其他文档资料。标准的安装文件其自身就带有许多模块和内嵌统计函数,安装好后可以直接实现许多常用的统计功能。

(2) R 是一种可编程的语言。作为一个开放的统计编程环境,R 的语法通俗易懂,是很容易学会和掌握的,而且学会之后,我们可以编制自己的函数来扩展现有的语言。这也就是为什么它的更新速度比一般统计软件快得多的主要原因,且大多数最新的统计方法和技术都可以在 R 中直接得到。

(3) R 具有丰富的资源。所有 R 的函数和数据集是保存在程序包里面的。只有当一个包被载入时,它的内容才可以被访问。一些常用、基本的程序包已经被收入了标准安装文件中,随着新的统计分析方法的出现,标准安装文件中所包含的程序包也随着版本的更新而不断变化。并且 R 的应用领域也绝非限制在统计方面,目前在 R 的网站上有 18 000(截至 2021 年 9 月)多个程序包,涵盖了统计学、社会学、经济学、生态学、空间分析和生物信息学等诸多方面,可用来解决自然科学和社会科学领域的各种问题。

(4) R 具有很强的互动性。除了图形输出是在另外的窗口处，它的输入和输出都是在同一个窗口进行的，输入时如果出现语法错误会马上在窗口中得到提示，对以前输入过的命令也有记忆功能，可以随时再现、编辑修改以满足用户的需要。输出的图形可以直接保存为 JPG、BMP、PNG 等图片格式，还可以直接保存为 PDF 文件。此外，R 和其他编程语言和数据库之间有很好的接口。

1.2 R 的获取与安装

CRAN 为 Comprehensive R Archive Network(R 综合典藏网)的简称，收藏了 R 的执行档下载版、源代码和说明文件，也收录了各种用户撰写的程序包。当前全球有超过一百个 CRAN 镜像站。在该网站上提供包括了 Linux、Mac OS X 和 Windows 系统的安装版本(如图 1-1)，用户可以在该网站选择相应版本的 R 下载即可安装。

R 的安装在 Windows 环境下与一般的软件一致，在此不赘述。在 Windows 系统中启动 R 之后，其操作界面如图 1-2 所示。

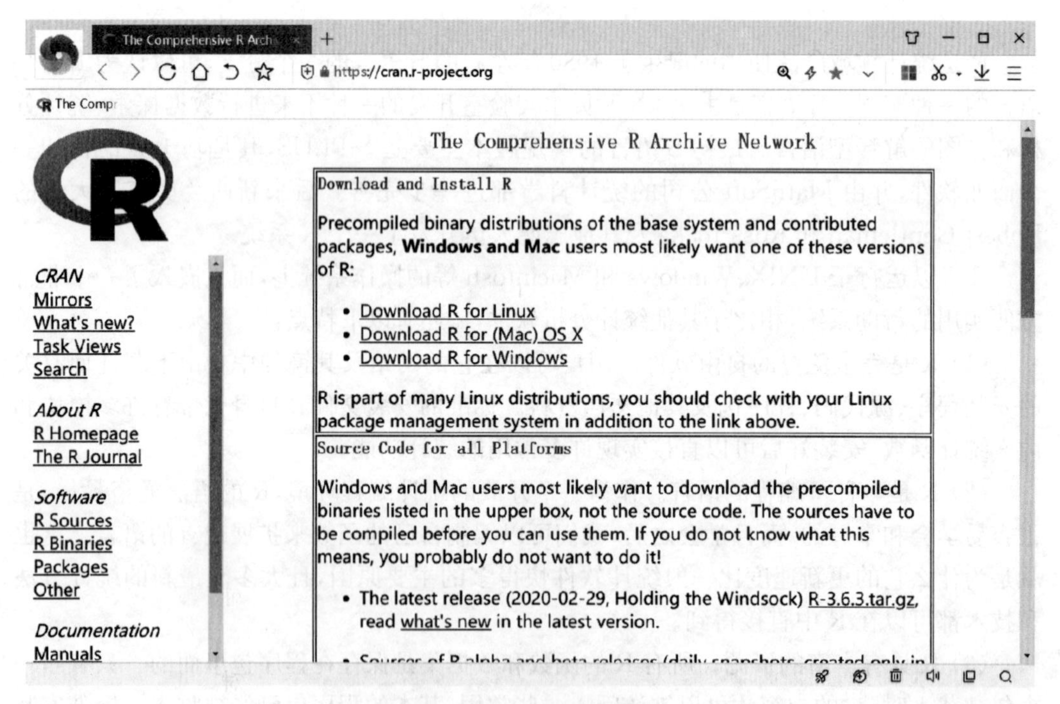

图 1-1　R 的下载界面

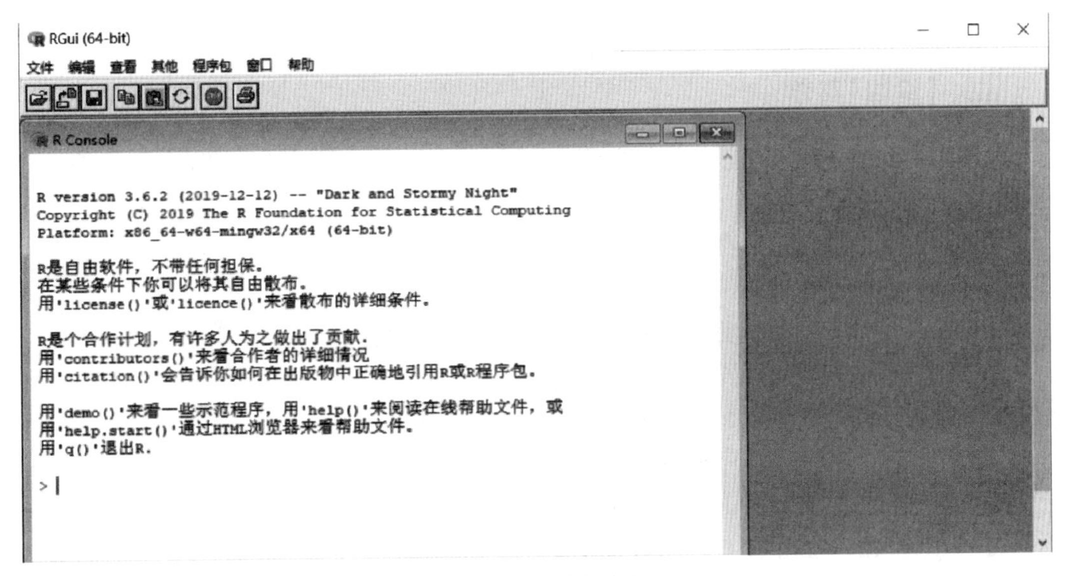

图1-2 R的运行界面

1.3 R的菜单操作

R主窗口标题栏下是菜单栏，主要由【文件】【编辑】【查看】【其他】【程序包】【窗口】【帮助】等主菜单构成。

一、【文件】菜单

R的【文件】菜单主要是有关R文件调入、保存、转换及打印等功能命令，如图1-3所示。

【运行R脚本文件】：调入已保存的R程序并输出结果；

【新建程序脚本】：建立新的R程序；

【打开程序脚本】：打开已保存的R程序；

【显示文件内容】：显示前次保存文件路径下的文件内容；

【加载工作空间】：调入已保存的工作空间，包括所有用户定义的对象（向量、矩阵、函数、数据框、列表）；

【保存工作空间】：保存运行中的工作空间，包括所有用户定义的对象（向量、矩阵、函数、数据框、列表）；

【加载历史】：调入运行记录；

【保存历史】：保存运行记录；

【改变工作目录】：改变R用来读取文件和保存结果的默认目录；

【打印】:打印当前的内容;

【保存到文件】:以文本文件格式储存记录;

【退出】:结束 R 的工作,并退出 R。

二、【编辑】菜单

【编辑】菜单的基本功能为文本编辑,可以对文本进行清空、复制、粘贴和数据编辑等操作。

【复制】:复制被标记后存在剪贴板上的文本;

【粘贴】:粘贴存在剪贴板上的文本;

【仅贴命令行】:仅粘贴剪贴板上文本中的命令运行内容;

【复制并粘贴】:复制的同时粘贴文本内容;

【全选】:选择程序编辑、输出 LOG 窗口的所有内容;

【清空控制台】:清空程序窗口中的所有内容;

【数据编辑器】:对当前工作空间的数据对象进行编辑;

【GUI 选项】:对图形用户界面进行设置。

三、【查看】菜单

用于指定是否显示工具栏和状态栏。

【工具栏】:选中该选项则在主菜单栏的下方显示工具栏;

【状态栏】:选中该选项则在操作面板的下方显示状态栏。

四、【程序包】菜单

用于加载、安装和更新程序包的窗口。

【加载程序包】:加载已经安装的程序包;

【设定 CRAN 镜像】:设定用于下载程序包的默认镜像网站;

【选择软件库】:选择镜像中具体的软件库;

【安装程序包】:安装需要运行的程序包;

【更新程序包】:对已安装的程序包进行更新;

【从本地 zip 文件安装程序包】:从已下载的程序包选择进行安装。

五、【帮助】菜单

R 的帮助系统非常强大,可以通过多种途径寻求帮助。【帮助】菜单中有手册、网站链接、搜索等多种求助形式,学会如何使用这些帮助文档有助于将来的编程工作。R 的内置帮助系统提供了当前已安装包中所有函数的细节、参考文本以及使用示例。

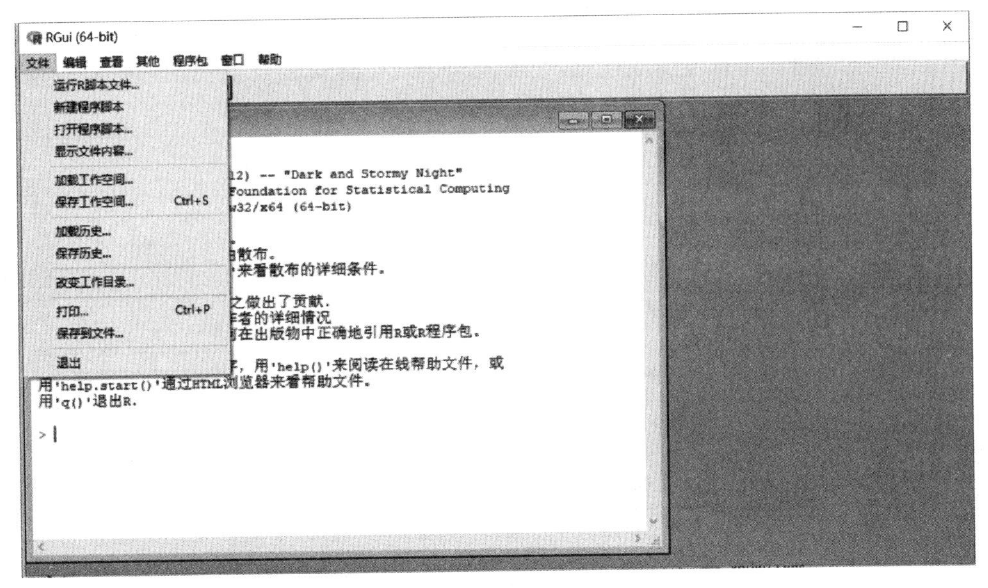

图 1-3　R 的【文件】菜单

1.4　工作空间

工作空间(workspace)就是当前 R 的工作环境，它储存着所有用户定义的对象，如向量、矩阵、函数、数据框和列表等。各种命令可在 R 命令行中交互式地输入。在一个 R 会话结束的时候，现有的工作空间可以保存它的镜像。在下一次 R 启动的时候，该工作空间，包括历史代码就会自动重新加载，可以通过上下键浏览历史代码。这样用户就可以选择一个之前输入过的命令并适当修改，最后按回车重新执行它。

当前的工作目录(working directory)是 R 用来读取文件和保存结果的默认目录。表 1-1 列出了 R 常用的用于管理工作空间的函数，例如，可以使用函数 getwd()来查看当前的工作目录，或使用函数 setwd()设定当前的工作目录。如果需要读入一个不在当前工作目录下的文件，则需在调用语句中写明完整的路径。目录名和文件名需要用引号闭合。

表 1-1　用于管理 R 工作空间的函数

函数	功能
getwd()	显示当前的工作目录
setwd("mydirectory")	修改当前的工作目录为 mydirectory
ls()	列出当前工作空间中的对象
rm(objectlist)	移除(删除)一个或多个对象
help(options)	显示可用选项的说明

续 表

函数	功能
options()	显示或设置当前选项
history(#)	显示最近使用过的#个命令(默认值为 25)
savehistory("myfile")	保存命令历史到文件 myfile 中(默认值为.Rhistory)
loadhistory("myfile")	载入一个命令历史文件(默认值为.Rhistory)
save.image("myfile")	保存工作空间到文件 myfile 中(默认值为.RData)
save(objectlist,file="myfile")	保存指定对象到一个文件中
load("myfile")	读取一个工作空间到当前会话中(默认值为.RData)
q()	退出 R

1.5 程序包

R 提供了大量开箱即用的功能,但它最激动人心的一部分功能是通过可选模块的下载和安装来实现的。目前有 18 000 多个称为程序包(package)的用户贡献模块可从 http://cran.r-project.org/web/packages 下载。这些包提供了横跨各种领域、数量惊人的新功能,包括教育学、生物学、物理学、化学和经济学等各个领域的功能。

程序包是 R 函数、数据、预编译代码以一种定义完善的格式组成的集合。计算机上存储程序包的目录称为库(library)。函数 libPaths()能够显示库所在的位置,函数 library()则可以显示库中有哪些包。R 自带了一系列默认包(包括 base、datasets、utils、grDevices、graphics、stats 以及 methods),它们提供了种类繁多的默认函数和数据集。其他包可通过下载来进行安装。安装好相应的程序包以后,它们必须被载入到会话中才能使用。命令 search()可以告诉用户哪些包已加载并可使用。

有许多 R 函数可以用来管理程序包。第一次安装一个程序包,使用命令 install.packages()即可。例如,不加参数执行 install.packages()将显示一个 CRAN 镜像站点的列表,选择其中一个镜像站点之后,将看到所有可用程序包的列表,选择其中的一个程序包即可进行下载和安装。如果知道自已想安装的程序包的名称,可以直接将程序包名作为参数提供给这个函数。例如,包 gclus 中提供了创建增强型散点图的函数,可以使用命令 install.packages("gclus")来下载和安装该程序包。

一个程序包仅需安装一次,但和其他软件类似,R 的程序包经常被其作者更新。使用命令 update.packages()可以更新已经安装的程序包。要查看已安装程序包的描述,可以使用 installed.packages()命令,这将列出安装的包,以及它们的版本号、依赖关系等信息。

除 CRAN 外,R 还有其他软件包仓库,以 Bioconductor(http://bioconductor.org/)为例(如图 1-4),Bioconductor 仓库提供了基因组大数据分析相关的工具,需要通过特定的命令来进行安装。在版本高于 3.5.0 的 R 中，使用 BiocManager::install()命令来安装 Bioconductor 中的软件包。

代码 1-1　安装 Bioconductor 仓库中的“GenomicFeatures”软件包。

```
>if (! requireNamespace("BiocManager", quietly = TRUE))
    install.packages("BiocManager")
>BiocManager::install("GenomicFeatures")
```

此外，Bioconductor 网站的【Learn】板块中还提供了常见的基因组数据，分析相关课程和软件包使用方法的教学资料(如图 1-4)，用户可以根据需要进行学习。

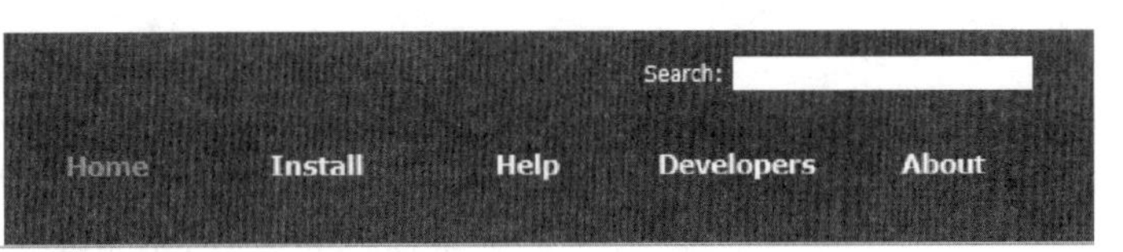

图 1-4　Bioconductor 网站首页

1.6　RStudio 简介

1.6.1　RStudio 软件的特点

RStudio 是 R 语言的集成开发环境(Integrated Development Environment，IDE)，它是一个独立的开源项目，它将许多功能强大的编程工具集成到一个直观、易于学习的界面中，使得 R 的应用变得更容易、更高效。RStudio 具有以下特点：

(1) IDE 的主要组件都很好地集成到一个四面板布局中，其中包括用于交互式 R 会话的控制台窗口、用于组织项目文件和编写程序的带选项卡的源代码编辑器窗口、用于查看工作环境和历史记录的工作空间与历史信息窗口、用于数据可视化和获取帮助信息的绘图和帮助窗口。

(2) 其源代码编辑器功能丰富,并与内置控制台集成。

(3) 通过选项卡和帮助页面查看器组件,控制台和源代码编辑器与 R 的内部帮助系统紧密相连。

(4) 提供了许多方便且易于使用的管理工具,用于管理包、工作区、文件等。

(5) 便于设置不同的项目(project),以及在项目之间进行切换。

(6) 适用于 Windows、Mac OS X 和 Linux 平台,也可以通过 web 浏览器(使用服务器安装)远程访问。

和 R 一样,RStudio 也是一个开源项目,其代码库可以从 GitHub 上获得(https://github.com/rstudio/rstudio)。RStudio 是建立在许多其他开源项目之上的,其大部分代码使用 C++和 Java 编写,它们都是使用 GWT(Google Web Toolkit)的语言。RStudio 相关项目的具体信息可以在 RStudio 的【About】对话框中查阅。

1.6.2 RStudio 的安装

安装 RStudio 之前需要在当前操作系统中安装 R,可以从 RStudio 的官方网站(https://www.rstudio.com/)下载适合操作系统的 RStudio 软件包。常见的 RStudio 有桌面版本和服务器版本,桌面版本适合单用户使用,而服务器版本可以通过服务器的 IP 地址远程连接,相比于单机版具有更强的灵活性,能很方便地完成 R 项目的部署和调试。RStudio 的安装过程与常规软件一致,在此不赘述。此外,还可以从 RStudio 的代码库(https://github.com/rstudio/rstudio)进行安装,具体安装步骤可以在源代码附带的安装文件中查看。

更新 RStudio 软件也很简单。要查看是否有更新可用,点击【Help】【Check for Updates】命令将打开一个包含更新信息的对话框。如果有更新,可以先停止当前运行的程序,安装新版本,然后重新启动。

1.6.3 RStudio 的操作界面

对于桌面版本,RStudio 与大多数其他应用程序启动一样。而启动服务器版本需要知道服务器的 URL(Uniform Resource Locator),RStudio Server 默认开启的端口是 8787,所以只要用浏览器打开服务器 URL:8787,通过用户账户进行身份验证,就可以使用 RStudio Server。在使用服务器版本时,每个用户账户只能开启一个会话,启动新会话时,旧的会话会断开连接并发出提示。

RStudio 桌面版本的运行界面如图 1-5 所示,整体分为四个窗口,从左至右分别是程序编辑窗口、工作空间与历史记录窗口、程序运行与输出窗口(控制台)、绘图和函数包帮助窗口。

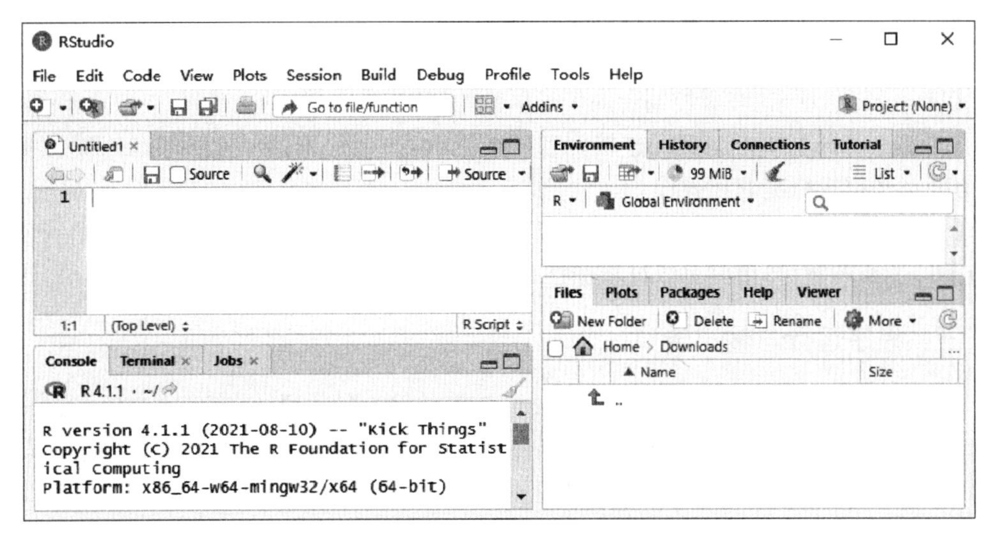

图 1－5　RStudio 的工作界面

一、程序编辑窗口

在程序编辑窗口中，用户可以编辑、调试和储存代码，代码需保存在 R 脚本文件（后缀为.R）里。打开 RStudio 后，系统会自动生成一个标题为“Untitled1”的编辑窗口。调用【File】【New File】【R script】命令（或 Ctrl＋Shift＋N 快捷键）可以新建程序编辑窗口；调用【File】【Open File】命令可以打开已保存的代码文件。若在刚启动时看不到该窗口，可点击调用【File】【New File】【R Script】命令将程序编辑窗口打开。

RStudio 为用户编写程序提供便捷的辅助功能，包括括号、引号的自动补齐，换行自动缩进以及函数输入辅助功能。用户可以简单地输入函数的前几位字母，再按 Tab 键，会出现所有已安装的程序包中以该字符开头的函数及其简介以供选择。完成函数输入后，可以使用 Tab 键查看函数的各项参数说明，并且还可以通过 Ctrl＋F 快捷键实现快速查找和替换字符。完成代码编写后，通过点击保存图标或 Ctrl＋S 以保存 R 脚本，脚本默认保存在当前工作目录中。重新启动 RStudio 的时候，便可以打开对应的 R 脚本以重复/继续之前的工作。

在运行代码时，将光标移动到目标语句的位置，点击【Run】按钮（绿色箭头），或者使用 Ctrl＋Enter 键即可运行当前的一句语句（注：运行一条完整的语句，如果语句中间有换行，会自动执行所包含的行），同时光标自动跳到下一条语句，用户可以逐条执行语句。如果需要执行整个文件中的代码，可以点击【Source】按钮，或使用 Ctrl＋Shift＋Enter 快捷键执行。

二、工作空间和历史记录窗口

该窗口包含【Environment】（工作空间）、【History】（历史记录）、【Connections】（链接）和【Tutorial】（教程）4 个选项卡。

【Environment】选项卡：记录了当前使用的数据集、变量和自定义函数的信息，方便用户查看当前数据的状况，并且可以通过 import Dataset 工具快速导入 xlsx、csv 等格式的数据；

【History】选项卡：查看控制台内代码执行的历史记录；

【Connections】选项卡：轻松连接到各种数据源，如 Access、Excel、SQLServer 数据库等，方便对数据进行提取和操作；

【Tutorial】选项卡：包含了 RStudio 常用功能的教程，而且每个知识点的介绍后面都配有相应的练习题目，用户可以自行选择内容进行学习。

三、程序运行与输出窗口

该窗口包含【Console】(控制台)、【Terminal】(终端)、【Jobs】(任务)3 个选项卡。

【Console】选项卡：用于执行代码并显示执行结果，也可以直接在控制台中输入代码并点击回车键执行，使用 Ctrl + L 快捷键可以清除控制台中的内容；

【Terminal】选项卡：提供从 RStudio IDE 内访问系统 shell 的接口，可以在其中执行 shell 的常规命令行操作，包括高级源代码控制操作、执行长时间运行的作业、远程登录和系统管理等；

【Jobs】选项卡：查看后台运行的任务。

四、绘图和帮助窗口

该窗口包含【Files】(文件)、【Plots】(图形)、【Packages】(包)、【Help】(帮助)和【Viewer】(浏览)等选项卡。

【Files】选项卡：显示当前工作路径下的文件，让用户了解所在的工作路径，便于文件读写；

【Plots】选项卡：显示输出的图形；

【Viewer】选项卡：浏览储存在本地的网页文件；

【Help】选项卡：查询函数的帮助文档；

【Packages】选项卡：安装 R 包和查阅每个包的介绍。

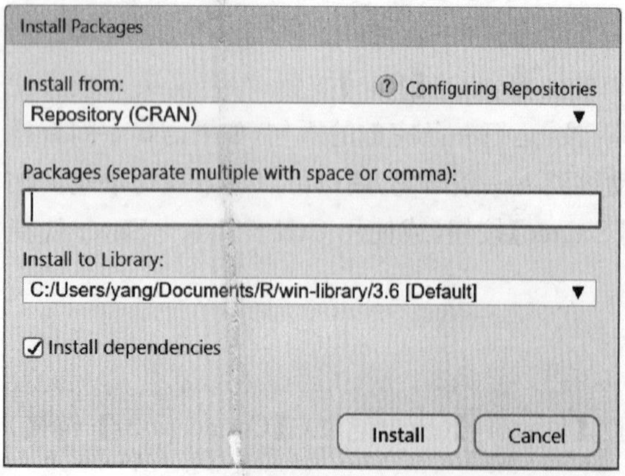

在【Packages】选项卡中单击【Install】图标，将会弹出如图 1-6 所示的【Install Packages】对话框。在【Packages】框中输入需要安装的包的名称，如“ggplot2”，在下拉列表中进行选择，再单击【Install】按钮，即可快速安装所需要的包。此外，在【Packages】选项卡(如图 1-7)中选中所需的包，即可快速加载；若在该选项卡中选中相应的包，单击【Update】按钮，可对选中的包进行更新。

图 1-6 【Install Packages】对话框

Files　Plots　Packages　Help　Viewer

Install　Update

Name	Description	Version
User Library		
agricolae	Statistical Procedures for Agricultural Research	1.3-5
AlgDesign	Algorithmic Experimental Design	1.2.0
backports	Reimplementations of Functions Introduced Since R-3.0.0	1.2.1
base64enc	Tools for base64 encoding	0.1-3
bit	Classes and Methods for Fast Memory-Efficient Boolean Selections	4.0.4
bit64	A S3 Class for Vectors of 64bit Integers	4.0.5
bslib	Custom 'Bootstrap' 'Sass' Themes for 'shiny' and 'rmarkdown'	0.2.5.1
cachem	Cache R Objects with Automatic Pruning	1.0.4
classInt	Choose Univariate Class Intervals	0.4-3

图 1-7　【Packages】选项卡

1.6.4　RStudio 中的项目管理

项目(project)是 RStudio 中提供的一项非常实用的功能,可以将不同的工作划分成若干个模块来进行管理,极大地提高工作的系统性和便捷性。如果用户进行比较复杂的数据分析工作,例如有多个表格文件作为数据源,然后在 R 中用不同的方法分析导出多个图表,这时候我们希望这些文件都集中在一起,可以使用 R project 来管理它们。

R 中的项目与 R 的工作目录一一对应,通过【File】【New project】,选取项目所在的目录,并单击【Create project】可以创建新项目。在 RStudio 中每创建一个项目,将创建一个新文件夹并将其分配为工作目录,这样运行过程中所生成的所有文件将被分配到同一个目录中。项目中包含的所有文件可以在绘图和帮助窗口中的【Files】选项卡查看(如图 1-8)。同时,在工作目录中会生成一个后缀为.Rproj 的项目文件,这个文件包含了各种项目选项,并且能作为快捷方式进行快速启动,直接打开项目。当用户重新打开一个项目时,RStudio 会记得上次使用该项目时打开了哪些文件,并恢复工作环境,对于提高工作效率有很大帮助。

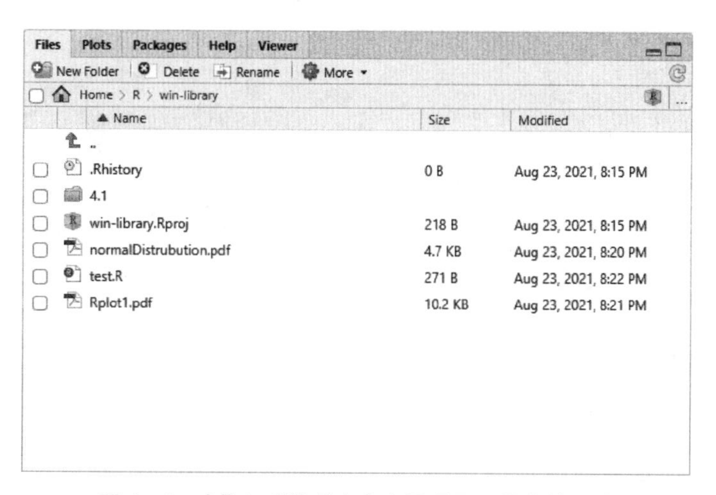

图 1-8　在【Files】选项卡中查看项目目录中的文件

练习题

1-1 R 的主要特点是什么?

1-2 到 CRAN 社区(http://cran.r-project.org/)下载并安装 R 的最新版本(中文),并尝试 R 的启动与退出。

1-3 到 RStudio 官方网站(https://www.rstudio.com/)下载并安装 RStudio 软件,在 RStudio 中完成以下操作:

(1) 查看当前的工作目录;

(2) 在计算机中选取合适的文件夹(如 H:/R_language/Rstudy),创建一个名为“第 1 章”的新项目;

(3) 新建一个程序编辑窗口,在窗口中输入以下代码并运行:

```
print ("Hello world!")
```

查看运行结果,将代码保存为“习题 1-3.R”;

(4) 在【Package】选项卡中搜索并安装以下软件包:“Hmisc”、“pastecs”、“psych”;

(5) 在【Help】选项卡中查看函数“sum”的帮助文档。

第2章

基本数据管理

数据管理是对不同类型的数据进行收集、整理、储存、加工和检索的过程，其目的在于从大量原始数据中提取有价值的信息。在利用R进行数据分析之前，常常需要对收集的原始数据进行读取、整理、筛选，或通过运算获得新的数据。科学的数据管理是进行统计分析的前提条件。在本章中，主要介绍R中的数据类型、数据集的创建、基本运算符、数据集的编辑以及一些常用函数的基本使用方法。

2.1 创建数据集

R可以处理的数据类型包括数值型、字符型、逻辑型、复数型和因子型。R中用于存储数据的对象有多种类型，包括标量、向量、矩阵、数组、数据框和列表。这些对象存储数据的类型、创建方式、读取和访问其中特定元素的方式均有所不同，在本节中将分别进行介绍。

2.1.1 向量

向量(vector)是具有单一维度的对象，可以用于存储数值型、字符型或逻辑型数据，一个向量中所包含的元素必须具有相同的类型。在R中通过函数c()可以创建向量。在代码2-1中，我们通过函数c()分别创建一个数值型向量v1，字符型向量v2和逻辑型向量v3。

代码2-1 创建向量。

```
> v1 <- c(1, 2, 3, 10, -21, -9)
> v2 <- c("A", "B", "C")
> v3 <- c(TRUE, FALSE, TRUE, TRUE)
```

如果需要访问向量中的某个元素，可以通过用方括号指定元素的位置(下标)来实现。例如，通过v1[2]可以访问向量v1的第2个元素，而v1[c(2, 3)]表示向量v1中的第2个和第3个元素。

代码 2－2　访问向量中的元素。

```
>a<- c(1,3,5,7,9,11,13,15,17,19)
>a[2]
[1]3
>a[3:6]
[1]  5  7  9  11
>a[c(2,4,6)]
[1]  3  7  11
```

在上例的第 2 个语句中，3:6 表示第 3 至第 6，a[3:6]相当于 a[3,4,5,6]。

2.1.2　矩阵

矩阵(matrix)是具有两个维度的对象，与向量相似，矩阵中的每个元素也必须具有相同的数据类型，可以为数值型、字符型或逻辑型。R 通过函数 matrix()可以创建矩阵，其一般格式如下：

```
mymatrix <- matrix(data = NA, nrow = 1, ncol = 1, byrow = FALSE,
                   dimnames = NULL)
```

data：向量，包含了矩阵的元素；

nrow、ncol：数值，分别表示矩阵的行数和列数；

byrow：逻辑值，TRUE 表示矩阵按行填充，FALSE 表示按列填充，默认值为 FALSE；

dimnames：字符型向量，用于记录行名和列名。

在下面的示例中，第一部分利用 matrix()函数创建一个 4 行 5 列的矩阵，矩阵的元素为 1～20 的自然数，使用按列填充的方式进行填充；第二部分创建了一个 3×3 的包含行列名称标签的矩阵，并按行进行填充。代码和运行结果如下。

代码 2－3　创建矩阵。

```
>x<-matrix (1:20, nrow = 4, ncol = 5, byrow = FALSE)
>x
     [,1] [,2] [,3] [,4] [,5]
[1,]   1    5    9   13   17
[2,]   2    6   10   14   18
[3,]   3    7   11   15   19
[4,]   4    8   12   16   20
>data<-c(1, 2, 3, 11, 12, 13, 21, 22, 23)
>rowname<-c("R1", "R2", "R3")
>colname<-c("C1", "C2", "C3")
>y<-matrix (data, nrow = 3, ncol = 3, byrow = TRUE, dimnames = list (rowname, colname))
>y
   C1  C2  C3
```

```
R1  1  2  3
R2  11  12  13
R3  21  22  23
```

在矩阵中同样可以使用方括号指定行数和列数来对矩阵中的行、列或元素进行访问。在下面的示例中，我们创建一个 5×6 的矩阵，然后分别使用下标访问矩阵中的不同元素，代码和运行结果如下。

代码 2－4　访问矩阵中的元素。

```
>a1 <- matrix (1:30, nrow = 5, ncol = 6)
>a1
     [,1] [,2] [,3] [,4] [,5] [,6]
[1,]    1    6   11   16   21   26
[2,]    2    7   12   17   22   27
[3,]    3    8   13   18   23   28
[4,]    4    9   14   19   24   29
[5,]    5   10   15   20   25   30
>a1[3,]
[1]  3  8  13  18  23  28
>a1[,2]
[1]  6  7  8  9  10
>a1[3, c(2,3)]
[1]  8  13
>a1[, c(2,3)]
     [,1] [,2]
[1,]    6   11
[2,]    7   12
[3,]    8   13
[4,]    9   14
[5,]   10   15
```

代码中 a1[3, c(2,3)]表示访问 a1 矩阵中第 3 行第 2 列和第 3 列的元素，而 a1[, c(2,3)]表示访问矩阵 a1 中第 2 列和第 3 列的所有元素。

2.1.3　数组

数组(array)是具有 3 个或 3 个以上的维度的对象，同样地，数组中的元素也只能有一种数据类型。R 中通过 array()函数创建数组，其一般格式如下：

```
array(data = NA, dim = length(data), dimnames = NULL)
```

data：向量，包含了数组中的数据；
dim：数值型向量，指定数组每个维度的大小，即下标的最大值；
dimnames：列表，包含各维度名称标签，此项为可选项。

下面，我们使用 array()函数创建一个具有 3 个维度的数组，其中 x、y、z 这 3 个维度分别具有 2、3、4 个水平，数组中的元素为 1～24 自然数数值。

代码 2－5　使用 array()函数创建数组。

```
>x<-c("X1","X2")
>y<-c("Y1","Y2","Y3");
>z<-c("Z1","Z2","Z3","Z4")
>xyz<-array(1:24, c(2,3,4), dimnames=list(x, y, z))
>xyz
, , Z1
   Y1  Y2  Y3
X1  1   3   5
X2  2   4   6
, , Z2
   Y1  Y2  Y3
X1  7   9  11
X2  8  10  12
, , Z3
   Y1  Y2  Y3
X1 13  15  17
X2 14  16  18
, , Z4
   Y1  Y2  Y3
X1 19  21  23
X2 20  22  24
```

对数组中的元素进行访问，其基本方式与矩阵相同，在方括号中分别指定每个维度的元素编号即可。

代码 2－6　提取数组中的元素。

```
>xyz[2,2,2]
[1] 10
>xyz[2,2,]
Z1  Z2  Z3  Z4
 4  10  16  22
>xyz[,2,2]
X1  X2
9   10
```

在上例中，我们分别提取了一个三维数组的单个元素，以及指定两个维度的值后第三个维度的所有元素。

2.1.4　数据框

我们在利用 Excel、SAS 和 SPSS 软件处理数据时，经常采用不同的列包含不同的数据类型，如数值型和字符型等。在 R 中，可以通过构建数据框来实现不同列包含不同数据类型。数据框通过函数 data.frame()创建，其一般格式如下：

```
data.frame(..., row.names = NULL, check.rows = FALSE,
           check.names = TRUE, fix.empty.names = TRUE,
           stringsAsFactors = default.stringsAsFactors())
```

…：向量，可为任何类型（如字符型、数值型或逻辑型）；

row.names：字符型向量，用于记录列名称；

check.rows：逻辑值，TRUE 表示检查每一列的长度是否一致；

check.names：逻辑值，TRUE 表示检查列名称是否有效，以及是否有重复的列名称；

fix.empty.names：逻辑值，TRUE 表示自动填充空白的列名称；

stringsAsFactors：逻辑值，TRUE 表示将字符型变量转化为因子储存。

在创建数据框时，每一列数据（即一个向量）必须具有相同的类型，但不同列的数据类型可以不相同。在数据框中通常每个列表示一个变量，而每一行表示一个观测。在下面的例子中，我们创建一个含有 3 列的数据框 plant，其中 1 个变量为数值型，2 个变量为字符型，代码和运行结果如下。

代码 2-7　创建数据框。

```
>sample <-c(1, 2, 3, 4, 5, 6)
>resistance <-c("S", "R", "R", "S", "S", "S")
>genotype <-c("Aa", "aa", "aa", "AA", "Aa", "Aa")
>plant <-data.frame (sample, resistance, genotype)
>plant
  sample  resistance  genotype
1      1           S        Aa
2      2           R        aa
3      3           R        aa
4      4           S        AA
5      5           S        Aa
6      6           S        Aa
```

与矩阵相似，数据框中的元素、行和列均可以通过使用下标和方括号来提取，如果在方括号中只包含一个向量，则默认提取相应的列，此时向量可以为数值型向量，也可以为包含列名称的字符型向量。此外，还可以通过符号 $ 来选取一个给定数据框中的某个特定变量。

代码 2-8　提取数据框中的元素和变量。

```
>plant [2, 2]
[1] "R"
```

```
>plant[2:3]
   resistance  genotype
1           S        Aa
2           R        aa
3           R        aa
4           S        AA
5           S        Aa
6           S        Aa
>plant[c("sample", "genotype")]
  sample  genotype
1      1        Aa
2      2        aa
3      3        aa
4      4        AA
5      5        Aa
6      6        Aa
>plant$resistance
[1] "S" "R" "R" "S" "S" "S"
```

当频繁使用数据框中的某个变量时，在每个变量名前都键入一次 plant $，操作过程较为繁琐。在 R 中可以通过函数 attach()和 detach()来简化这一过程。通过函数 attach()可以将所需要的数据框添加到 R 的运行环境中。在 R 中输入变量名后，系统将在运行环境的数据框中查找该变量。这里通过一个简单的例子展示 attach()和 detach()函数的用法。

代码 2－9　使用 attach()和 detach()函数添加和解除数据索引。

```
>attach(plant)
The following objects are masked _by_ .GlobalEnv:
    genotype, resistance, sample
>resistance
[1] "S" "R" "R" "S" "S" "S"
>detach(plant)
```

如上例所示，在建立了 plant 数据框之后，用 attach()函数将数据框 plant 添加到 R 的搜索路径中，可以直接使用该数据框中的变量名。不再使用该数据框时，函数 detach()负责将数据框从搜索路径中移除。需要注意的是，R 会优先搜索先添加到环境变量中的数据框，为了避免同名变量被错误地提取，在完成数据框使用后需要及时使用 detach()命令将其从运行环境中移除。

2.1.5　因子

因子(factor)是一类特殊的数据格式，是对数据进行分类，并将分类信息作为水平

(level)存储的数据对象,也称为类别变量。根据因子中各水平的排列是否有固定的先后顺序,又进一步分为有序型因子和无序型因子。

因子在 R 中非常重要,因为它从数据结构层面影响着后续的分析方式、结果的展示及结果的统计学意义。在数据的初步处理阶段,我们就需要根据实际情况和分析目的来决定数据中哪些变量应设置为因子,以及如何对因子进行考察。例如,在两因素完全随机试验数据中,应包含试验因素 A 和试验因素 B 两个因子;而在两因素随机区组试验数据中,应包含试验因素 A、试验因素 B 和区组三个因子。

使用 factor()函数可以创建因子,其基本用法如下:

```
factor(x = character(), levels, labels = levels,
       exclude = NA, ordered = is.ordered(x), nmax = NA)
```

x:字符型向量,如果 x 不是字符型向量,可以使用 as.character(x)把 x 转换为字符型向量;

levels:字符型向量,设置因子包含的水平,默认值是向量 x 中的所有唯一值;

labels:字符型向量,设置因子水平的标签,相当于对因子水平重命名;

exclude:字符型向量,设置向量 x 中需要排除的字符;

ordered:逻辑值,TRUE 表示创建有序型因子;

nmax:数值,设置因子水平的上限。

函数 factor()将字符型向量 x 以一个整数向量的形式存储储存,整数的取值范围是 1～k,其中 k 为向量 x 中唯一值的个数,同时一个内部向量将 x 中的字符串映射到这些整数上。例如,对于字符型向量 resistance <－c("S", "R", "R", "S", "S", "S"),语句 resistance <－factor(resistance)将此向量存储为(2, 1, 1, 2, 2, 2),并在内部将其关联为 1＝R 和 2＝S(按照字母顺序排列)。如果需要指定水平的先后顺序,可以通过设置参数 ordered＝TRUE 来生成有序因子,并通过 levels 参数来设置顺序以覆盖默认排序。例如,运行命令 resistance <－factor(resistance, order＝TRUE, levels＝c("S", "R")),各水平的赋值将为 1＝S、2＝R。在后续进行数据统计和绘图时,因子的各水平将根据用户指定的顺序排列。设置 levels 参数时需要注意指定的水平与数据中的真实值相匹配,未在 levels 中列举的数据将被设为缺失值。

下面我们创建一个含有普通向量和因子型向量的数据框,并使用函数 str()和函数 summary()来分析其具体信息。其中,函数 str()用于检查数据框中包含的数据及其类型,而函数 summary()可以获取描述性统计量,对于数值型变量,返回最小值、最大值、四分位数和均值,对于因子向量和逻辑型向量返回其频数统计。

代码 2－10　创建含有因子型向量的数据框并使用 str()和 summary()函数分析具体信息。

```
>sample <- c(1, 2, 3, 4, 5, 6)
>resistance <- c("S", "R", "R", "S", "S", "S")
>genotype <- c("Aa", "aa", "aa", "AA", "Aa", "Aa")
```

```
>resistance <- factor(resistance)
>genotype <- factor(genotype, order = TRUE)
>plant <- data.frame (sample, resistance, genotype)
>str(plant)
'data.frame':     6 obs. of  3 variables:
$sample       : num  1 2 3 4 5 6
$resistance: Factor w/ 2 levels "R","S": 2 1 1 2 2 2
$genotype  : Ord.factor w/ 3 levels "aa"<"Aa"<"AA": 2 1 1 3 2 2
>summary(plant)
     sample      resistance  genotype
Min.   :1.00    R:2          aa:2
1st Qu.:2.25    S:4          Aa:3
Median :3.50                 AA:1
Mean   :3.50
3rd Qu.:4.75
Max.   :6.00
```

在上例中，首先以向量的形式输入了数据。然后通过 factor()函数将向量 resistance 和 genotype 分别转化为无序型因子和有序型因子，将数值型向量 sample 和两个因子合并为一个数据框。通过函数 str()查看数据框中各变量的信息，可见 sample 为数值型变量，resistance 为无序型因子，具有 2 个水平；而 genotype 是一个有序型因子，并显示了其编码顺序。函数 summary()则返回了连续型变量 sample 的最小值、最大值、平均值、中位数和各四分位数，以及因子 resistance 和 genotype 各水平的频数值。

2.1.6 列表

列表(list)是一种较为复杂的数据类型，其是将不同类型的对象作为元素，合并形成的一个新对象。在 R 中，使用函数 list()创建列表，其一般格式如下：

```
mylist <- list(object1, object2, object3, …)
```

object1、object2、object3：列表中所要包含的对象。

下面我们通过一个简单的实例创建一个列表，列表中包含 4 种类型的对象：a 为一个字符串，b 为一个数值型向量，c 为一个矩阵，d 为一个因子。

代码 2 - 11 建立一个包含 4 种对象类型的列表。

```
>a <- "This is a list"
>b <- c(1:10)
>c <- matrix(21:40, nrow = 5, byrow = FALSE)
>d <- c("A", "A", "B", "B")
>d <- factor(d)
>mylist <- list(a, b, c, d)
>mylist
```

```
[[1]]
[1] "This is a list"
[[2]]
[1]  1  2  3  4  5  6  7  8  9 10
[[3]]
     [,1] [,2] [,3] [,4]
[1,]   21   26   31   36
[2,]   22   27   32   37
[3,]   23   28   33   38
[4,]   24   29   34   39
[5,]   25   30   35   40
[[4]]
[1] A A B B
Levels: A B
```

用户在列表中可以组合任意多的对象。另外，可以通过在双重方括号中指明代表某个成分的数字或名称来访问列表中的元素。在上例中，我们可以使用 mylist[[3]]表示矩阵 c。

列表是 R 中的一种重要数据结构，在 R 中许多函数的运行结果包含不同类型的对象，这些结果通常以列表的形式储存，以便于用户根据需要从中提取相应的对象。

2.2　数据的读取和存储

2.2.1　数据的读取

原始数据在完成收集和整理后，通常以表格形式储存在计算机中。在利用 R 对保存的表格数据进行统计分析前，首先需要将数据读入 R 环境中。read.table()函数可读入表格格式的文件并将其保存为一个数据框。表格的每一列为数据框的一个变量，每一行为一条记录。read.table()函数基本用法如下：

```
read.table(file, header = FALSE, fill = FLASE, sep = " " )
```

file：字符串，包含需要读取的文件名称和路径；

header：逻辑值，TRUE 表示文件包含表头，即第一行为变量名；

fill：逻辑值，TRUE 表示将数据中的空白填充为 NA；

sep：字符串，设置列之间的分隔符号。

需要注意的是，read.table()函数在默认情况下会将所有的字符型变量转化为因子，如果用户不希望这么做，可以设置参数 stringsAsFactors＝FALSE 来保留字符型变量的原有格式。此外，还可以使用 read.csv()、read.delim()分别读取分隔符为逗号或制表符的文件，其使用参数与 read.table()相同。

2.2.2 数据的存储

在分析过程中，我们常常需要将软件的计算结果或经过编辑的数据保存到文件中，以便于在退出 R 后查阅这些数据。使用 write.table()函数可以很方便地将表格型数据写入指定文件，write.table()的一般用法如下：

```
write.table(x, file = "", append = FALSE, quote = TRUE, sep = " ")
```

x：需要存储的对象，可以是数据框或矩阵；

file：字符串，指定存储的文件名称和路径；

append：逻辑值，TRUE 表示将导出数据追加到已存在的同名文件中，若值为 FALSE，则同名文件会被覆盖；

quote：逻辑值，TRUE 表示输出的字符型和因子型向量会带有双引号；

sep：字符串，设定列之间的分隔符号。

通常我们使用空格或制表符作为分隔符号，将输出文件保存为.txt 格式的文件。此外，也可以使用 write.csv()函数，或设置 sep=",",将数据输出为.csv 格式的文件。

2.2.3 内置数据集

R 语言的基础安装包“dataset”中包含了大量数据集和案例，在学习 R 时可以直接使用这些数据集来进行操作。使用 data()命令可以查看全部的数据集信息，而使用 help()命令可以查阅每个数据集的具体信息，包括数据的含义、数据集格式、每个变量的属性以及数据来源等。例如，在 RStudio 中通过 help("iris")命令查看数据集 iris，会在绘图和帮助窗口中显示以下信息（如图 2-1）。

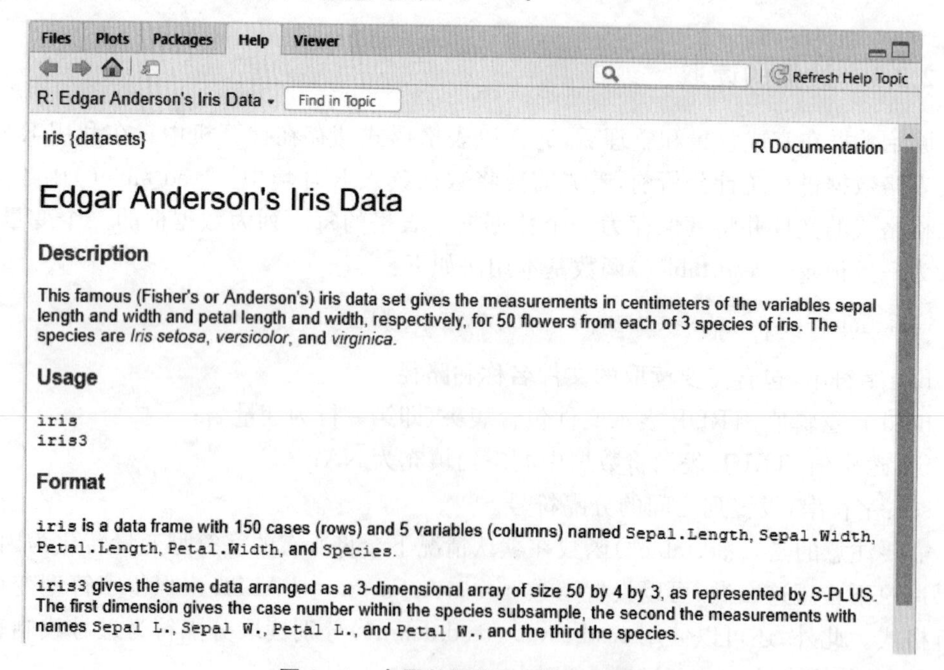

图 2-1 内置数据集 iris 的帮助信息

帮助信息显示，iris 数据集中包含了三个鸢尾花物种 *setosa*、*versicolor* 和 *virginica* 的花瓣长、宽以及花萼长、宽的数据，单位为厘米，数据集格式为数据框，包含 5 个变量、150 条记录。而 iris3 数据集格式为数组，包含 3 个维度，每个维度的元素数目分别为 50、4、3。

2.3　R 的运算符

运算符是一些符号，告诉编译器执行特定的数学或逻辑操作。R 语言有丰富的内置运算符，包括算术运算符、比较运算符、逻辑运算符等。

一、算术运算符

算术运算符指可以在程序中实现如加、减、乘、除等数学运算的运算符号。算术运算符的表示方法及其含义见表 2-1 所示。

表 2-1　R 的算术运算符

运算符	含义	示例
+	加	v <-c(2, 5.5, 6) t <-c(8, 3, 4) print(v+t) [1] 10.0　8.5　10.0
-	减	v <-c(2, 5.5, 6) t <-c(8, 3, 4) print(v-t) [1] -6.0　2.5　2.0
*	乘	v <-c(2, 5.5, 6) t <-c(8, 3, 4) print(v * t) [1] 16.0 16.5 24.0
/	除	v <-c(2, 5.5, 6) t <-c(8, 3, 4) print(v/t) [1] 0.250000　1.833333　1.500000
%%	求余	v <-c(2, 5.5, 6) t <-c(8, 3, 4) print(v%%t) [1] 2.0　2.5　2.0

续 表

运算符	含义	示例
%/%	整除	v <-c(2, 5.5, 6) t <-c(8, 3, 4) print(v%/%t) [1] 0 1 1
^	乘幂	v <-c(2, 5.5, 6) t <-c(8, 3, 4) print(v^t) [1] 256.000 166.375 1296.000

二、比较运算符

比较运算符是建立两个变量之间的一种关系，并要求 R 确定这种关系是否成立，如果成立，输出的结果是 TRUE，若不成立，则输出 FALSE，见表 2-2 所示。

表 2-2　R 的比较运算符

运算符	含义	示例
>	大于	v <-c(2, 5.5, 6, 9) t <-c(8, 2.5, 14, 9) print(v > t) [1] FALSE TRUE FALSE FALSE
<	小于	v <-c(2, 5.5, 6, 9) t <-c(8, 2.5, 14, 9) print(v < t) [1] TRUE FALSE TRUE FALSE
==	等于	v <-c(2, 5.5, 6, 9) t <-c(8, 2.5, 14, 9) print(v==t) [1] FALSE FALSE FALSE TRUE
<=	小于等于	v <-c(2, 5.5, 6, 9) t <-c(8, 2.5, 14, 9) print(v <=t) [1] TRUE FALSE TRUE TRUE
>=	大于等于	v <-c(2, 5.5, 6, 9) t <-c(8, 2.5, 14, 9) print(v >=t) [1] FALSE TRUE FALSE TRUE
! =	不等于	v <-c(2, 5.5, 6, 9) t <-c(8, 2.5, 14, 9) print(v! =t) [1] TRUE TRUE TRUE FALSE

三、逻辑运算符

逻辑运算符用于判定多个对象(逻辑表达式、数字或复杂的矢量)之间的关系。对于数字,数值不为0则其逻辑值为TRUE。元素逻辑表达式将第一向量的每个元素与所述第二向量的相应元素进行比较,返回一个包含逻辑值的向量,见表2-3所示。

表2-3　R的逻辑运算符

<table>
<tr><th>运算符</th><th>含义</th><th>示例</th></tr>
<tr><td>&</td><td>元素逻辑与运算符。它结合第一向量的每个元素与第二向量的相应元素,如果这两个元素都为TRUE则输出TRUE。</td><td>v <-c(3, 1, TRUE, 2+3i)
t <-c(4, 1, FALSE, 2+3i)
print(v&t)
[1] TRUE TRUE FALSE TRUE</td></tr>
<tr><td>|</td><td>元素逻辑或运算符。它结合第一向量的每个元素与第二向量的相应元素,如果两个元素中有一个为TRUE则输出TRUE。</td><td>v <-c(3, 0, TRUE, 2+2i)
t <-c(4, 0, FALSE, 2+3i)
print(v|t)
[1] TRUE FALSE TRUE TRUE</td></tr>
<tr><td>!</td><td>逻辑非运算符。取向量的每个元素,并给出了相反逻辑值。</td><td>v <-c(3, 0, TRUE, 2+2i)
print(! v)
[1] FALSE TRUE FALSE FALSE</td></tr>
<tr><td>&&</td><td>逻辑与运算符。取两个向量的第一元素,仅当两个都为TRUE时结果为TRUE。</td><td>v <-c(3, 0, TRUE, 2+2i)
t <-c(1, 3, TRUE, 2+3i)
print(v&&t)
[1] TRUE</td></tr>
<tr><td>||</td><td>逻辑或运算符。取两个向量的第一元素,并且如果有一个为TRUE时结果为TRUE。</td><td>v <-c(0, 0, TRUE, 2+2i)
t <-c(0, 3, TRUE, 2+3i)
print(v||t)
[1] FALSE</td></tr>
</table>

2.4　R常用函数及其应用

函数是组织在一起的一组用以执行特定任务的语句。R语言有大量的内置函数,用户也可以创建自己的函数。在R语言中的函数是一个对象,所以R语言解释器能够将控制传递给函数以及函数完成动作所需的参数。本节中将介绍一些基础函数,包括数学函数、统计函数、概率函数、字符处理函数以及其他一些实用函数。

一、数学函数

R中的数学函数与我们平常了解的函数概念一致,是通过一定的计算,使得一个集合里的每一个元素在另一个集合中都有唯一确定的元素与之对应。在R中,对于一个向量应用数学函数,其返回值也为一个向量,且各元素的值与原向量各元素有一一对应的关系。R中常用的数学函数及其含义见表2-4所示。

表 2－4　R 常用的数学函数

函数	含义	示例
abs(x)	绝对值	>t<-c(-3, 5) >abs(t) [1] 3 5
sqrt(x)	平方根	>t<-c(2, 9) >sqrt(t) [1] 1.414214　3.000000
ceiling(x)	向上取整	>t<-c(3.245, -5.978) >ceiling(t) [1] 4　-5
floor(x)	向下取整	>t<-c(3.245, -5.978) >floor(t) [1] 3　-6
trunc(x)	向 0 的方向取整	>t<-c(3.245, -5.978) >trunc(t) [1] 3 -5
round(x, digits=n)	指定保留的小数位数	>t<-c(3.245, -5.978) >round(t,1) [1] 3.2　-6.0
signif(x, digits=n)	指定有效数字位数	>t<-c(3.245, -5.978) >signif(t,3) [1] 3.24　-5.98
cos(x) sin(x) tan(x)	余弦 正弦 正切	>t<-c(1.5708, 3.1416) >sin(t) [1] 1.00000e+00　-7.34641e-06
acos(x) asin(x) atan(x)	反余弦 反正弦 反正切	>t<-c(0, 1) >asin(t) [1] 0.000000　1.570796
cosh(x) sinh(x) tanh(x)	双曲余弦 双曲正弦 双曲正切	>t<-c(1.5708, 3.1416) >sinh(t) [1] 2.301308　11.548825
acosh(x) asinh(x) atanh(x)	反双曲余弦 反双曲正弦 反双曲正切	>t<-c(0,1) >asinh(t) [1] 0.0000000　0.8813736
log(x,base=n) log(x) log10(x)	对 x 取以 n 为底的对数 对 x 取以 e 为底的对数 对 x 取以 10 为底的对数	>t<-c(8, 10) >log(t, 2) [1] 3.000000　3.321928 >log(t) [1] 2.079442　2.302585 >log10(t) [1] 0.90309　1.00000
exp(x)	计算 e 的 x 次幂	>t<-c(2, 2.3026) >exp(t) [1] 7.389056　10.000149

二、统计函数

与数学函数不同，统计函数将向量中的元素作为一个整体，返回反映其特征的统计数。常用统计函数的名称、含义和使用方法见表 2－5 所示。

表 2－5　R 常用的统计函数

函数	含义	示例
mean(x)	平均数	> t <-c(3, 4, 5, 5, 7) > mean(t) [1] 4.8
median(x)	中位数	> t <-c(3, 4, 5, 5, 7) > median(t) [1] 5
sd(x)	标准差	> t <-c(3, 4, 5, 5, 7) > sd(t) [1] 1.48324
var(x)	方差	> t <-c(3, 4, 5, 5, 7) > var(t) [1] 2.2
mad(x)	绝对中位差，用原数据减去中位数后得到的新数据的绝对值的中位数	> t <-c(3, 4, 5, 5, 7) > mad(t) [1] 1.4826
quantile(x, probs)	在概率[0, 1]的数据集中创建样本分位数，probs 用于指定概率值	> t <-c(1:20) > quantile(t, 0.05) 5% 1.95
range(x)	求值域	> t <-c(3, 4, 5, 5, 7) > range(t) [1] 3　7
sum(x)	求和	> t <-c(3, 4, 5, 5, 7) > sum(t) [1] 24
min(x)	求最小值	> t <-c(3, 4, 5, 5, 7) > min(t) [1] 3
max(x)	求最大值	> t <-c(3, 4, 5, 5, 7) > max(t) [1] 7

三、概率函数

概率函数是对于某种已知的概率分布，求取其在特定条件下的概率值，或生成一组模拟数据的函数。在 R 中，概率函数的一般格式为：

```
[dpqr]distribution_abbreviation()
```

其中第一个字母表示对于某一概率分布所需要求取的函数或执行的操作，d 表示密度函数，p 表示分布函数，q 表示分位数函数，而 r 表示生成一组随机数。distribution_abbreviation 表示需要计算的概率分布的缩写名称，R 中常见的概率分布及缩写见表 2-6 所示。

表 2-6　R 中常见的概率分布名称及缩写

分布名称	缩写	分布名称	缩写
Beta 分布	beta	Logistic 分布	logis
二项分布	binom	多项分布	multinom
柯西分布	cauchy	负二项分布	nbinom
卡方分布	chisq	正态分布	norm
指数分布	exp	泊松分布	pois
F 分布	f	Wilcoxon 符号秩分布	signrank
Gamma 分布	gamma	t 分布	t
几何分布	geom	均匀分布	unif
超几何分布	hyper	Weibull 分布	weibull
对数正态分布	lnorm	Wilcoxon 秩和分布	wilcox

下面我们以正态分布为例，应用一些概率函数计算相关的统计数，并根据正态分布规律生成一组随机数，代码和运行结果如下。

代码 2-12　应用概率函数计算正态分布统计数及生成随机数。

```
> pnorm( - 1.96)
[1] 0.0249979
> qnorm(0.025)
[1] - 1.959964
> qnorm(0.9, mean = 10, sd = 10)
[1] 22.81552
> rnorm(20, mean = 10, sd = 10)
[1]    17.819916   8.082111   18.295216   34.754601   15.959769   11.813063
[7]    3.243254   - 15.915453 10.119754   13.972396   1.578250    23.492389
[13]   9.574523   10.989098   21.298849   13.610136   10.753961   17.986536
[19]   8.178387   19.020259
```

上例中，第一步计算的是－1.96 左侧的标准正态分布概率值；第二步计算的是标准正态分布 0.025 分位点的值；第三步计算的是平均数为 10，标准差为 10 的正态分布下，0.9 的分位点的值；第四步生成了 20 个平均数为 10，标准差为 10 的正态分布随机数。

四、字符处理函数

字符处理函数用于操作字符型数据，可以对字符进行数目统计、提取和编辑。R 中常用的一些字符处理函数及其用法见表 2-7 所示。

表 2-7　R 常见的字符处理函数

函数	含义	示例
nchar(x)	计算 x 中包含的字符总数目。	> t <-c("we", "have a", "family") > nchar(t) [1] 2 6 6 > nchar(t[2]) [1] 6
substr(x, start, stop)	根据位置提取 x 中的字符串。	[1] "cdef" > t <-"abcdefghigklmn" > substr(t, 3, 6) [1] "cdef"
grep (pattern, x, ignore.case = FALSE, fixed = FALSE)	在 x 中对某种模式 pattern 进行匹配。fixed=FALSE 表示 pattern 为正则表达式；而 fixed=TRUE 表示 pattern 为一个字符串。返回值为 x 中所匹配的元素的下标。	> t <-c("a", "A", "b") > grep("A", t, fixed=TRUE) [1] 2
sub(pattern, replacement, x, ignore.case=FALSE, fixed=FALSE)	在 x 中搜索模式 pattern，并将其替换为 replacement 表示的字符串。	> t <-"abcdefghigklmn" > sub("cdef", "2222", t, fixed=TRUE) [1] "ab2222ghigklmn"
strsplit (x, split, fixed = FALSE)	以 split 参数表示的分割符切分字符向量 x 中的元素，切分后的元素不包含分隔符。	> t <-"abcd" > strsplit(t, "") [[1]] [1] "a" "b" "c" "d" > strsplit(t, "b") [[1]] [1] "a" "cd"
paste(…, sep="")	以 sep 参数表示的字符串为分隔符，连接多个字符串。	> paste("x", 1:3, sep="") [1] "x1" "x2" "x3" > paste("Today is", date()) [1] "Today is Mon Mar 09 20:35:42 2020"
toupper(x)	将字符串中的小写转换为大写字母。	> t <-"abcedfg" > toupper(t) [1] "ABCEDFG"
tolower(x)	将字符串中的大写转换为小写字母。	> t <-"ABCDEFG" > tolower(t) [1] "abcdefg"

五、其他实用函数

除了数学函数、统计函数、概率函数和字符处理函数，R 中还有一些不便归类的其他实用函数，其含义和用法见表 2－8 所示。

表 2－8　其他实用函数

函数	含义	示例
length(x)	获取对象 x 的长度(元素数目)。	>t<—c(1:5) >length(t) [1] 5
seq(from, to, by)	生成一个序列，from 表示起始值，to 表示结束值，by 表示间隔值。	>t<—seq(2, 10, 2) >t [1] 2 4 6 8 10
rep(x, n)	将对象 x 重复 n 次。	>t<—c(1:3) >rep(t, 2) [1] 1 2 3 1 2 3
cut(x, n)	将连续型变量 x 转换成具有 n 个水平的因子。	见代码 2－13
pretty(x, n)	将连续型变量 x 分割为 n 个区间，并创建美观的分割点。	见代码 2－13

下面我们通过一个简单的例子展示 cut()和 pretty()函数的使用。我们首先使用 seq()函数生成序列 t，其取值范围 1～7，数字间隔为 0.2，具有 31 个元素。随后使用 cut()函数将序列 t 分割成为有 4 个水平的因子，并使用 pretty()函数创建美观的分割点。

代码 2－13　使用 cut()和 pretty()函数分割序列。

```
>t <- seq(1, 7, 0.2)
>cut(t,4)
 [1] (0.994,2.5] (0.994,2.5] (0.994,2.5] (0.994,2.5] (0.994,2.5] (0.994,2.5]
 [7] (0.994,2.5] (0.994,2.5] (2.5,4]     (2.5,4]     (2.5,4]     (2.5,4]
[13] (2.5,4]     (2.5,4]     (2.5,4]     (2.5,4]     (4,5.5]     (4,5.5]
[19] (4,5.5]     (4,5.5]     (4,5.5]     (4,5.5]     (4,5.5]     (5.5,7.01]
[25] (5.5,7.01]  (5.5,7.01]  (5.5,7.01]  (5.5,7.01]  (5.5,7.01]  (5.5,7.01]
[31] (5.5,7.01]
Levels: (0.994,2.5] (2.5,4] (4,5.5] (5.5,7.01]
>pretty(t,4)
[1] 0 2 4 6 8
```

结果显示，使用 cut()函数可以将向量 t 转化为一个具有 4 个水平的因子，每个水平为一个左开右闭的区间。而 pretty()函数返回的结果为一个具有 5 个元素的向量，按照这 5 个元素的值可以将 t 分割为 4 个较为美观的区间。

2.5　编辑数据集

在数据分析的前期准备工作中，常常需要对已有数据集进行编辑，如修改变量的值，转换数据类型，排除缺失值，将数据集进行排序、合并或提取子集等，从而有目的地对数据进行下一步分析，可以利用 R 中提供的函数和功能对数据集进行编辑。

2.5.1　变量的重编码

变量的重编码是指根据一个或多个变量的现有值创建新值的过程，在 R 语言中，常用的函数包括 within( )、transform( )、mutate( )、transmute( ) 等。以 within( ) 和 transform()函数为例，其一般格式如下：

```
within(data, {expr1; expr2})
transform(data, expr1, expr2)
```

data：原始数据；

expr1、expr2：表达式，表示需要进行的修改。

下面我们通过一个简单的例子说明如何使用 within()和 transform()函数为数据框添加变量，我们创建一个包含 2 个变量和 4 条记录的数据框，我们将两个变量的平均数及总和通过计算添加为第 3、4 个变量。代码和运行结果如下。

代码 2－14　在数据框中使用 within()和 transform()函数添加变量。

```
>mydata <- data.frame(x1 = c(1, 3, 5, 7), x2 = c(8, 8, 9, 9))
>mydata <- within(mydata, {meanx = (x1 + x2)/2})
>mydata <- transform(mydata, sumx = x1 + x2)
>mydata
  x1 x2 meanx sumx
1  1  8   4.5    9
2  3  8   5.5   11
3  5  9   7.0   14
4  7  9   8.0   16
```

上例中，我们首先创建数据框 mydata，x1 和 x2 是 mydata 的两个列向量。然后分别用 within()函数和 transform()函数对数据框 mydata 增加两个变量(列向量)meanx 和 sumx，并把结果存储在数据框 mydata 中，新增加的变量会自动依次排列在原有变量后面。

如果想在 R 中修改变量名，可以使用函数 names()，或使用 reshape 包中的函数 rename()。两个函数的一般用法见代码 2－15。

代码 2-15　修改变量名。

```
>mydata <- data.frame(x1 = c(1, 3, 5, 7), x2 = c(8, 8, 9, 9))
>names(mydata)[1:2]<- c("Name1", "Name2")
>mydata
   Name1 Name2
1    1     8
2    3     8
3    5     9
4    7     9
>library(reshape)
>rename(mydata, c(Name1 = "A", Name2 = "B"))
  A B
1 1 8
2 3 8
3 5 9
4 7 9
```

上例中分别使用 names()函数和 reshape 包中的 rename()函数修改了 mydata 数据框中两个变量的名称。

2.5.2　缺失值处理

在 R 语言中,缺失值用符号 NA(Not Available)表示,而不可能出现的值(如用 0 做除数的结果)用符号 NaN(Not a Number)表示。函数 is.na()用来检测向量或数据框是否存在缺失值,返回值是 TRUE 表示有缺失值。

含有缺失值的数据,其算术表达式和函数的计算结果也会被判定为缺失值 NA,因此,在数据分析时,常常需要去除或忽略数据中的缺失值。很多函数都有 na.rm=TRUE 选项,可以计算删除缺失值 NA 后其余的值。此外,还可以通过函数 na.omit()删除数据中含有缺失值 NA 的行。

代码 2-16　缺失值判定和处理。

```
>x <- c(1, 2, 3, NA)
>is.na(x)
[1] FALSE FALSE FALSE  TRUE
>mean(x)
[1] NA
>mean(x, na.rm = TRUE)
[1] 2
```

在上例中,向量 x 中包含缺失值 NA,通过 is.na()函数可以查看缺失值的具体位置,使用 mean()函数计算向量 x 的算术平均数时,由于缺失值的存在,结果显示为 NA;设置 na.rm=TRUE 后,则函数会依据变量的其他非缺失值计算结果。

2.5.3　排序

在 R 语言中，对向量、数组或数据框进行排序通常使用 order()函数，其用法一般如下：

```
order(x, na.last = TRUE, decreasing = FALSE)
```

x：待排序的向量，多个向量使用逗号隔开；

na.last：逻辑值，TRUE 表示把缺失值 NA 放在最后；

decreasing：逻辑值，TRUE 表示按照降序排列，默认值为 FALSE。

下面以 R 内置数据集 PlantGrowth 为例进行排序，该数据集为植物在三种不同的处理条件下的重量数据，每种处理包括 10 个个体。数据集包含两个变量：数值型变量 weight 和因子型变量 group，在本例中我们首先对 group 变量按照升序排列（按照字母顺序），随后对 weight 变量进行降序排列，代码和运行结果如下。

代码 2－17　对数据集 PlantGrowth 进行排序。

```
>attach(PlantGrowth)
>orderdata <- PlantGrowth[order(group, -weight), ]
>orderdata
   weight group
4    6.11   ctrl
2    5.58   ctrl
9    5.33   ctrl
3    5.18   ctrl
7    5.17   ctrl
10   5.14   ctrl
6    4.61   ctrl
8    4.53   ctrl
5    4.50   ctrl
1    4.17   ctrl
17   6.03   trt1
15   5.87   trt1
18   4.89   trt1
11   4.81   trt1
20   4.69   trt1
13   4.41   trt1
19   4.32   trt1
12   4.17   trt1
16   3.83   trt1
14   3.59   trt1
21   6.31   trt2
28   6.15   trt2
```

```
29    5.80  trt2
23    5.54  trt2
24    5.50  trt2
25    5.37  trt2
26    5.29  trt2
30    5.26  trt2
22    5.12  trt2
27    4.92  trt2
```

在上例中，我们通过在 weight 变量名称前添加负号来实现对该变量的降序排列。在多个变量排序时，主要变量写在前面，次要变量在后。

2.5.4 数据集的合并

在 R 中拥有相同行数或列数的矩阵或数据框，可以分别使用函数 cbind()或 rbind()合并。其中，使用 cbind()函数横向合并的每个对象必须拥有相同的行数并且以相同顺序排序，而使用 rbind()函数纵向合并的两个数据框必须拥有相同的列，不过顺序不必一定相同，R 会自动根据列名称进行合并。在下面的例子中，我们创建一个 4 行、2 列的数据框，并分别将数据框与两个向量进行行合并和列合并。

代码 2－18 使用 rbind()和 cbind()函数合并数据。

```
>mydata <- data.frame(x1 = c(1, 3, 5, 7), x2 = c(8, 8, 9, 9))
>y1 <- c(11,12)
>mydata <- rbind(mydata, y1)
>mydata
  x1 x2
1  1  8
2  3  8
3  5  9
4  7  9
5 11 12
>x3 <- c("a", "b", "c", "d", "e")
>mydata <- cbind(mydata, x3)
>mydata
  x1 x2 x3
1  1  8  a
2  3  8  b
3  5  9  c
4  7  9  d
5 11  12  e
```

在上例中，我们分别通过 rbind()和 cbind()函数为数据框添加了新的行与列。对于复杂一些的数据集整合，需要使用 merge()函数，merge()函数通过两个数据框中存在的相同的行名或列名来对两个数据框进行合并，合并时需要指明所依据的行或列，merge()函数的基本用法如下：

```
merge(x, y, by = intersect(names(x), names(y)),
      by.x = by, by.y = by, all = FALSE, all.x = all, all.y = all,
      sort = TRUE, suffixes = c(".x", ".y"), no.dups = TRUE,
      incomparables = NULL, ...)
```

x，y：需要合并的数据框；

by、by.x、by.y：表示依据哪些列名合并数据框，默认值为相同列名的列向量；

all、all.x、all.y：逻辑值，TRUE 表示 x 和 y 列向量合并之后输出所有的行；

sort：逻辑值，TRUE 表示按照 by 指定的向量进行排序；

suffixes：向量，用于指定除 by 外相同列名的后缀；

no.dups：逻辑值，TRUE 表示不允许重复的列名称；

incomparables：向量，表示 by 中哪些单元不进行合并。

在下面的例子中，我们使用不同的参数对 2 个数据框进行合并，2 个数据框均包含 3 个变量和 5 条记录。第一种情况下，我们希望依据变量 id 进行合并，并保留全部的记录；第二种情况下，我们希望依据 id 和 group 两个变量进行合并，且只保留这两个数据框的交集。代码和运行结果如下。

代码 2 - 19　使用 merge()函数合并数据框。

```
data1 <- data.frame(id = c(1, 2, 3, 4, 5), group = c("a", "a", "b", "b", "b"),
length = c(4.7, 3.6, 2.4, 3.9, 4.5))
data2 <- data.frame(id = c(3, 4, 5, 6, 7), group = c("b", "b", "c", "c", "c"),
width = c(0.6, 0.8, 0.5, 0.5, 0.3))
merge1 <- merge (data1, data2, by = "id", all = TRUE)
>merge1
  id group.x length group.y width
1  1       a    4.7    <NA>    NA
2  2       a    3.6    <NA>    NA
3  3       b    2.4       b   0.6
4  4       b    3.9       b   0.8
5  5       b    4.5       c   0.5
6  6    <NA>     NA       c   0.5
7  7    <NA>     NA       c   0.3
>merge2 <- merge (data1, data2, by = c("id", "group"))
>merge2
  id group length width
1  3     b    2.4   0.6
2  4     b    3.9   0.8
```

在第一步中我们通过设置 by＝"id"来选择合并所依据的变量，并通过 all＝TRUE 来保留所有的记录。由于在数据框 data1 中不存在 width 变量，而数据框 data2 中不存在 length 变量，因而合并结果中相应的位置显示缺失值 NA。同时，2 个数据框中名称相同的变量 group 在合并后的数据框中分别添加了默认后缀，显示为 group.x 和 group.y。而在第二步操作中，输出 2 个数据框中 id 和 group 两个变量值均相同的交集，输出结果只有 2 行，并包含 4 个变量。原始数据框中 id 值为 5 的记录由于在两个数据框中的 group 变量的值不相同，因此，未包含在输出结果中。

2.5.5 提取数据集的子集

在数据分析中，我们常常需要从一个很大的数据集中选择有限数量的变量创建新的数据集，需要根据一定的条件对行或列进行筛选，此时可以使用 subset()函数，其基本用法如下。

```
subset(x, subset, select, drop = FALSE, ...)
```

x：用于提取的数据集，可以是数据框、向量、矩阵；

subset：逻辑表述，表示选择行的条件；

select：向量，选取要显示的列向量；

drop：逻辑值，TRUE 表示将得到的结果以列表形式输出。

例如，我们在 R 内置数据集 iris 中筛选物种名为 *versicolor*，且花瓣长度大于 4.8 的个体。提取时需要设置两个条件，即 Petal.Length 变量的值大于 4.8，且 Species 变量的值等于“versicolor”，两个条件之间使用“&”符号连接，代码和运行结果如下。

代码 2－20 使用 subset()函数提取 iris 数据集的子集。

```
>subdata <- subset(iris, Petal.Length>4.8 & Species == "versicolor",
    select = Sepal.Length: Species)
>subdata
     Sepal.Length Sepal.Width Petal.Length Petal.Width    Species
53           6.9         3.1          4.9         1.5  versicolor
73           6.3         2.5          4.9         1.5  versicolor
78           6.7         3.0          5.0         1.7  versicolor
84           6.0         2.7          5.1         1.6  versicolor
```

结果显示，versicolor 品种中花瓣长度大于 4.8 的个体共有 4 个，并通过设置 select=Sepal.Length：Species 参数显示从 Sepal.Length 到 Species 的所有变量的值。如果变量较多，可以通过指定变量名称有选择地进行显示。

2.5.6 随机抽样

在生物统计学的实际应用中，有时需要对变量进行随机抽样。例如建立模型时，抽取一份数据用于构建预测模型，另一份用于验证模型的有效性。在 R 语言中，运用函数 sample()可以从数据集中抽取指定容量的一个随机样本，基本用法如下：

```
sample(x, size, replace = FALSE, prob = NULL)
```

x：备选向量；

size：数值，表示选取的数量；

replace：逻辑值，TRUE 表示进行放回式抽样；

prob：数值，用于设置所要抽取的每个元素被抽取的概率。

在下面的例子中，我们利用 sample()函数在数据集 iris 中采取随机无放回的方式抽取 8 个样本，代码和运行结果如下。

代码 2－21　使用 sample()函数对数据集 iris 随机抽样。

```
>sampledata <- iris[sample(1:nrow(iris), 8, replace = FALSE), ]
>sampledata
    Sepal.Length Sepal.Width Petal.Length Petal.Width    Species
83           5.8         2.7          3.9         1.2 versicolor
92           6.1         3.0          4.6         1.4 versicolor
142          6.9         3.1          5.1         2.3  virginica
87           6.7         3.1          4.7         1.5 versicolor
61           5.0         2.0          3.5         1.0 versicolor
16           5.7         4.4          1.5         0.4     setosa
2            4.9         3.0          1.4         0.2     setosa
144          6.8         3.2          5.9         2.3  virginica
```

代码中 nrow(iris)表示数据框 iris 的行数，因此，备选向量表示数据框中从第一行到最后一行，抽取的数量为 8，进行无放回抽样。从结果可以看到抽取的样本是无序且不重复的。在实际使用过程中，需要注意根据实验需求来设置是否进行放回式抽样。

2.6　R 语言编程简介

在本章前面的内容中，我们介绍了 R 中的各种常用函数。然而有时对于特定的数据分析问题，单独使用函数并不能满足分析需求，或者重复使用函数操作较为繁琐，这时我们可以通过自己编写一段程序来解决问题。R 语言编程在数据分析领域有着非常广泛的应用，在本章中，我们简要介绍一些编程方法，包括编写自定义函数、基本的流程控制以及程序调试。

2.6.1　编写自定义函数

在使用 R 语言处理数据的过程中，有时会使用到很多重复性的操作，为了使代码更简洁易读，可以通过自定义函数的功能对代码进行整理。每次只需调用定义好的函数即可实现对数据的重复操作。在 R 中，自定义函数的基本语法结构如下：

```
myfuntion <- function(arg1, arg2,…){statements
                                    return(object)
         }
```

myfunction:自定义函数名称;

arg1,arg2:参数名称;

statements:函数执行的语句;

return(object):返回结果。

编写好的自定义函数和普通函数的调用方式一致,都是通过函数名(参数)的格式进行调用。在代码 2-22 中,我们通过编写一段自定义函数用以求取两独立样本 t 检验中的 t 值,其计算公式为:

$$t=\frac{(\bar{y}_1-\bar{y}_2)-(\mu_1-\mu_2)}{s_{\bar{y}_1-\bar{y}_2}},\text{其中 } s_{\bar{y}_1-\bar{y}_2}=\sqrt{\bar{s}^2(\frac{1}{n_1}+\frac{1}{n_2})}。$$

代码 2-22　通过自定义函数计算两样本平均数比较的 t 值。

```
>n=15
>a=rnorm(n); a
 [1] -0.84540493  0.29156637  -1.26964297  -0.79225151  -0.84748603  -0.88469883
 [7] -1.72883583  -0.31979692  -0.53901396  0.53728268  1.38120225  0.04084851
 [13] -1.44349041  0.73076999  -0.13182878
>b=rexp(n); b
 [1] 0.3787410  0.5837818  0.3182901  0.2598803  0.3460923  0.3219301  0.3472058
 [8] 2.2087519  0.2507193  0.2767760  2.2946466  2.1676922  0.1095069  0.4857460
 [15] 1.4154224
>t1<-function(x,y){
     s=((n-1)*var(x)+(n-1)*var(y))/(2*n-2)
     t=(mean(x)-mean(y))/(s*sqrt(2/n))
return(t)
}
>t1(a,b)
[1] -4.6105
```

在上例中,我们首先利用正态分布函数与指数分布函数分别随机生成两个长度为 15 的向量 a 和 b,并利用自己定义的函数计算将两个向量进行两个独立样本 t 测验的 t 值,结果显示 t 值为-4.6105。统计数的具体含义将在本书后面的章节中进行介绍。

对于编写好的自定义函数,可以通过以下函数来查看函数的结构以及参数设置(注:只适用于自定义函数,对 R 自带函数不适用):

body():查看函数的内部代码;

formals():查看函数调用的参数列表;

environment():查看函数的变量所在环境;

force():在参数缺失或者函数未传入参数时进行报错,从而提醒用户;

invisible():查看函数运行过程中不可见的变量的值。

2.6.2　流程控制

在正常情况下，R 程序中的语句是从上至下顺序执行的，每条语句执行一次。通过流程控制可以实现在特定情况下语句的循环和选择。R 语言中的流程控制结构通常由语句、条件、表达式、序列等部分组成。其中，语句（statement）可以是一个单独的语句，也可以是几个语句组成的代码块，包含在花括号{}中，语句间使用分号分隔；条件（condition）是一个逻辑表达式，其最终结果为 TRUE 或 FALSE；表达式（expression）是一条数值或字符串的求值语句；序列（sequence）是一个系列的数值或字符串的集合。

R 中的流程控制主要分为两种类型：第一种是循环结构，即在满足一定条件时重复执行一组语句，常见的循环结构包含 for 和 while；第二种是条件结构，即一组语句仅在满足一个指定条件时执行，常见的条件结构包括 if－else、ifelse 和 switch。

一、for 结构

for 循环重复执行一组语句，直到循环变量的值不再包含在序列中为止，其基本用法如下：

```
for(i in sequence) {statement}
```

i：循环变量；

sequence：序列，每次循环 i 依次从中取值；

statement：一个或一组语句，对序列中的每一个 i 执行，遍历序列中所有元素后循环即终止。

二、while 结构

while 结构重复执行一组语句，直到条件判断结果为 FALSE 时为止，其基本用法如下：

```
while(condition) {statement}
```

condition：判断条件；

statement：条件为真时执行的语句。

在循环过程中，若要输出每次循环的结果，可使用函数 cat()或 print()，cat()函数的基本格式为：

```
cat(expr1, expr2, …)
```

expr1、expr2：字符串或表达式，包含要输出的内容，若为表达式则输出内容为表达式的值。

下面我们分别使用 for 和 while 两种循环结构，求取 1～100 内所有自然数的和，代码及运行结果如下。

代码 2－23　使用 for 和 while 结构对 1～100 内所有自然数求和。

```
> sum = 0
> for(i in 1:100){sum = sum + i}
```

```
>print(sum)
[1] 5050
>sum=0; i=1;
>while (i<=100) {sum=sum+i; i=i+1}
>print(sum)
[1] 5050
```

需要注意的是,for()循环在遍历了序列中的值后会自动停止,而在使用 while 结构时,需要确保括号内 while 的条件语句能改变为假,否则循环将不会停止。在上例中,我们通过设置计数变量 i,让 i 的值在每次循环过程中自动加 1,通过判定 i 的大小来对循环进行计数,在 i 值变为 101 时终止循环。两种循环结构返回的结果均为 5050。

三、if-else 结构

if—else 结构在某个给定条件为真/假时分别执行不同的语句,其基本用法如下:

```
if (condition) {statement1} else {statement2}
```

condition:判断条件;
statement1:判断结果为真时执行的语句;
statement2:判断结果为假时执行的语句。

四、ifelse 结构

ifelse 结构与 if—else 结构相似,但表达方式更加简洁,其基本用法如下:

```
ifelse(condition, statement1, statment2)
```

condition:判断条件,结果为真则执行 statement1,结果为假则执行 statment2。

下面我们通过一个简单的例子,利用 ifelse 结构判断向量中元素的正负,并输出其绝对值。

代码 2-24 使用 ifelse 结构计算绝对值。

```
>x<-rnorm(10)
>x
[1] -1.59043804 -0.06856828  0.33171178 -1.27610565  0.07581569 -0.54443898
-0.48063221 -0.70625277 -1.45662212 -0.42339751
>ifelse(x>0, x, -x)
[1] 1.59043804 0.06856828 0.33171178 1.27610565 0.07581569 0.54443898 0.48063221
0.70625277 1.45662212 0.42339751
```

上例中,我们通过正态分布函数 rnorm()生成一个长度为 10 的向量,其值有正有负,使用 ifelse()函数对每个元素进行判断,若值为负则输出其相反数。

五、switch 结构

switch 结构根据一个表达式的值选择列表中的返回值,其基本语法如下:

```
switch(expression, list)
```

expression：表达式，其值为一个整数值或为一个字符串；

list：含有返回值的列表，即根据表达式的值来决定输出列表中的哪一个元素。

若表达式的计算结果为整数，且值在 1～length(list)之间时，则 switch()函数返回列表相应位置的元素；若表达式结果为字符，则返回列表中以该字符为名称的元素对应的值；若表达式的结果超出列表范围，则返回 NULL；若表达式结果与列表元素不匹配，但列表包含一个未命名的元素，则返回该未命名元素的值。

通过利用 switch 结构，可以在一个自定义函数中根据参数不同执行不同的功能，下面我们通过一个例子展示 switch 结构的使用方法。

代码 2-25　switch 结构的使用。

```
>myfunction<-function(x,type){
  switch(type,
         mean=mean(x),
         median=median(x),
         sum=sum(x),
         max=max(x),
         min=min(x),
         sqrt=sqrt(x))
}
>x<-c(18,25,7,19,31,24,10)
>myfunction(x,"mean")
[1] 19.14286
>myfunction(x,"median")
[1] 19
>myfunction(x,"sum")
[1] 134
>myfunction(x,"max")
[1] 31
>myfunction(x,"min")
[1] 7
>myfunction(x,"sqrt")
[1] 4.242641 5.000000 2.645751 4.358899 5.567764 4.898979 3.162278
```

在上例中，自定义函数 myfunction 根据不同的参数执行不同的计算，分别返回了向量 x 的平均数、中位数、最大值、最小值和平方根。

2.6.3　程序的注释和调试

注释主要用于帮助用户理解代码的功能。为编写的程序添加注释，可以很大程度地提高代码的可读性。在 R 中注释符号为#，#符号后面的字符会被编译器自动忽略，不会影响代码的执行。注释的内容用户可以根据使用习惯和需求自行设定。若有多行注释内容,需要在每一行前分别添加#符号。

例如,我们在编写了代码 2-25 中的程序后,可以这样添加注释,便于理解程序的内容。

```
> myfunction <- function(x,type){   # 定义函数,参数 1 为向量,参数 2 为计算类型
+   switch(type,                     # 根据参数 2 的值选择操作
+         mean = mean(x),            # 求算术平均数
+         median = median(x),        # 求中位数
+         sum = sum(x),              # 求和
+         max = max(x),              # 最大值
+         min = min(x),              # 最小值
+         sqrt = sqrt(x))            # 平方根
+ }                                  # 注意 x 必须为数值型向量
```

在编写程序的过程中,难免会出现错误,通过在程序中加入调试语句,可以为发现问题提供帮助。在编程过程中,最常见的调试方法是对程序中的重要变量进行赋值和输出,通过在循环或条件分支代码中加入显示函数,如 cat('var',var,'\\n'),在运行过程中即时输出变量的值以供查看。在确认程序运行正常后,可以对这行代码进行注释。

此外,在编写函数的过程中,可以使用 browser()命令对函数进行调试。将 browser()命令插入到需要检测的行,在函数执行到这里时会暂停,并显示一个提示符。此时我们可以在提示符后输入交互式命令检查函数运行情况,如查看中间变量的赋值是否正确。检查完成后输入 n 则会逐行运行程序,并提示下一行将运行的语句;输入 c 会直接跳到下一个中断点,而输入 Q 则会直接退出调试模式。此外,也有很多其他命令可以应用于函数调试的过程,例如 trace(), setBreakpoint(), traceback(), recover()等,在本章中不进行详细介绍。

练习题

2-1 R 中向量、矩阵、数组和数据框分别有什么特点?

2-2 用函数 rep()构造一个向量 x,它由 3 个 3,4 个 2,5 个 1 构成。

2-3 使用 R 的循环结构输出 1 至 100 之间的能够被 3 或 5 整除的数,并求和。

2-4 利用 R 自带数据集中的 iris 数据集,完成以下操作:

(1) 为数据集添加一个变量,其名称为"ID",值为从 1 到数据集行数的自然数;

(2) 提取数据集中 Species 值为“setosa”且 Sepal.Length 大于 5 的子集;

(3) 对上述子集按照 Petal.Length 值从小到大排序;

(4) 提取数据集中 Species 值为“setosa”且 Sepal.Width 大于 3 的子集;

(5) 根据变量 ID 合并上述两个子集,并保留所有的行。

2-5　对某班级同学的成绩进行统计，得下表。

学生成绩统计表

学号	数学成绩	语文成绩	英语成绩
1802020101	93	71	64
1802020102	77	94	83
1802020103	91	88	65
1802020104	88	84	96
1802020105	92	79	77
1802020106	97	79	64
1802020107	92	90	96
1802020108	60	82	65
1802020109	76	80	83
1802020110	60	87	66

（1）使用 R 自带函数 sum()和 average()为数据添加“总成绩”和“平均成绩”两个变量；

（2）使用条件结构对学生成绩评定等次：三门课成绩均大于 80 分为优秀，三门课成绩均大于 60 分但至少有一门小于 80 分为合格，有一门小于 60 分则为不合格，并将判断情况作为“等次”变量添加在数据中。

第3章

描述性统计

描述性统计(descriptive statistics),是指运用图表和数学方法,对统计数据进行整理、分析,描述分布状态、数字特征和随机变量之间关系的方法。描述性统计主要包括数据的频数分布分析、集中趋势分析、离散程度分析、分布特征以及一些基本的统计图形。

数据的频数分布分析指的是在分组的基础上,把样本的所有观察值按组归类并排列,形成总体中各个单位在各组间的分布。数据的集中趋势分析,主要是求取反映变数集中趋势的统计数,包括算术平均数、几何平均数、调和平均数、中位数和众数等。数据的离散程度分析,主要是求取反映变数离散特性的统计数,包括标准差、方差、变异系数和分位数等。数据的分布分析,主要是求取变数分布特性的统计数,包括峰度系数和偏度系数等。

3.1 利用函数求解描述性统计数

3.1.1 利用 R 的基础函数

在描述性统计数的计算方面,R 有非常多的选择,其中最直接的方式便是利用 R 的基本函数来计算描述性统计数。

典型的描述性统计函数有 mean()、sd()、var()、min()、max()、median()、sum()、range()、quantile(),分别用于计算平均数、标准差、方差、最小值、最大值、中位数、总和、取值范围和分位数。需要注意的是,R 基础安装的函数中没有计算偏度和峰度的函数。

例 3-1 考查 106 个"岱字棉"原种单株的纤维长度(单位:毫米),得结果见表 3-1,试利用 R 的基础函数对该数据求取描述性统计数。

表 3-1 106 个"岱字棉"原种单株的纤维长度

27.25	27.64	27.82	27.92	28.04	28.22	28.22	28.37	28.44	28.46
28.55	28.57	28.61	28.64	28.68	28.69	28.73	28.79	28.82	28.89
28.91	28.94	28.96	29.06	29.06	29.15	29.21	29.24	29.24	29.26
29.29	29.32	29.33	29.33	29.38	29.39	29.41	29.43	29.45	29.47
29.48	29.53	29.58	29.59	29.66	29.67	29.67	29.69	29.72	29.74

续　表

29.86	29.86	29.88	29.89	29.91	29.94	29.97	29.97	29.99	29.99
30.00	30.08	30.12	30.14	30.16	30.19	30.22	30.25	30.27	30.27
30.33	30.38	30.41	30.45	30.47	30.47	30.48	30.52	30.52	30.57
30.58	30.61	30.62	30.66	30.74	30.75	30.75	30.78	30.85	30.89
30.92	30.96	30.97	31.03	31.15	31.16	31.32	31.36	31.44	31.50
31.58	31.69	31.71	31.92	32.24	32.38				

观察例3－1中的数据，可以发现其包含一个变量(纤维长度)和106个观察值，对于这类数据，可以将所有观察值录入在Excel表格的一列中。根据题意，以“length”作为变量名，将其保存为Example3_1.csv(如图3－1)。

	A		A		A		A		A		A
1	length	19	30.08	37	29.06	55	31.15	73	29.97	91	29.45
2	27.25	20	30.38	38	29.33	56	32.24	74	30.22	92	29.72
3	28.55	21	30.61	39	29.59	57	28.22	75	30.48	93	29.99
4	28.91	22	30.96	40	29.89	58	28.69	76	30.75	94	30.27
5	29.29	23	31.69	41	30.14	59	29.15	77	31.32	95	30.52
6	29.48	24	27.82	42	30.45	60	29.39	78	28.37	96	30.85
7	29.86	25	28.61	43	30.66	61	29.67	79	28.79	97	31.44
8	30	26	28.96	44	31.03	62	29.94	80	29.24	98	28.46
9	30.33	27	29.33	45	31.92	63	30.19	81	29.43	99	28.89
10	30.58	28	29.58	46	28.04	64	30.47	82	29.69	100	29.26
11	30.92	29	29.88	47	28.68	65	30.75	83	29.97	101	29.47
12	31.58	30	30.12	48	29.06	66	31.16	84	30.25	102	29.74
13	27.64	31	30.41	49	29.38	67	32.38	85	30.52	103	29.99
14	28.57	32	30.62	50	29.66	68	28.22	86	30.78	104	30.27
15	28.94	33	30.97	51	29.91	69	28.73	87	31.36	105	30.57
16	29.32	34	31.71	52	30.16	70	29.21	88	28.44	106	30.89
17	29.53	35	27.92	53	30.47	71	29.41	89	28.82	107	31.5
18	29.86	36	28.64	54	30.74	72	29.67	90	29.24	108	

图3－1　例3－1数据录入格式

读入文件并计算各描述性统计数，代码和运行结果如下：

代码3－1　读取例3－1的数据并利用基础函数求取描述性统计数。

```
> example3_1 <- read.table("H:/R_language/Rstudy/Example3_1.csv", header = TRUE, sep = ",")
> mean(example3_1$length)
[1] 29.855
> sd(example3_1$length)
[1] 1.038006
> var(example3_1$length)
[1] 1.077456
```

```
>min(example3_1$length)
[1] 27.25
>max(example3_1$length)
[1] 32.38
>median(example3_1$length)
[1] 29.885
>sum(example3_1$length)
[1] 3164.63
>range(example3_1$length)
[1] 27.25 32.38
>quantile(example3_1$length)
     0%       25%       50%       75%      100%
27.2500   29.2175   29.8850   30.5575   32.3800
```

计算结果显示，"岱字棉"的纤维长度（单位：毫米）的平均数为 29.855，标准差为 1.038，方差为 1.077，最小值、最大值和中位数分别为 27.25、32.38、29.885，106 个观测值总和为 3164.63，取值范围为 27.25－32.38，五个四分位数分别为 27.2500、29.2175、29.8850、30.5575 和 32.3800。

3.1.2 利用 summary( )函数来获取描述性统计数

summary()函数对于数值型向量求取最大值、最小值、四分位数和算术平均数，而对于因子型向量和逻辑型向量求取其频数统计值。在这里我们使用 summary()函数对例 3-1 的数据求取描述性统计数，代码和运行结果如下：

代码 3-2 利用 summary()函数求取例 3-1 数据的描述性统计数。

```
>example3_1<-read.table("H:/R_language/Rstudy/Example3_1.csv", header=TRUE, sep=",")
>summary(example3_1$length)
  Min. 1st Qu.  Median    Mean 3rd Qu.    Max.
 27.25   29.22   29.89   29.86   30.56   32.38
```

本例中使用的数据为数值型向量，summary()函数的返回结果包括了最小值、最大值、平均数和四分位数，计算结果与代码 3-1 中通过 quantile()和 mean()函数求取的结果相同。

3.2 描述性统计数的相关软件包

3.2.1 Hmisc 包

Hmisc 包中的 describe()函数可返回变量和观测的数量、缺失值、唯一值的数目、Info（关于变量的连续性的统计量）、Gmd（基尼均差）、平均值、分位数以及五个最大的值和五个最小的值。

例 3－2　许多害虫的发生都和气象条件有一定的关系。山东临沂测定 1964～1973 年(共 10 年)间 7 月下旬的温雨系数(雨量 mm/平均温度℃，x)和大豆第二代造桥虫发生量(每百株大豆上的虫数，y)的关系见表 3－2 所示，试求取 x 和 y 变量的描述性统计数。

表 3－2　温雨系数和造桥虫虫口密度

温雨系数(x)	虫口密度(y)	温雨系数(x)	虫口密度(y)
1.58	180	2.41	175
9.98	28	11.01	40
9.42	25	1.85	160
1.25	117	6.04	120
0.30	165	5.92	80

例 3－2 的数据中包含 2 个变量，每个变量具有 10 个观察值。对于这种类型的数据，录入时每个变量的数据位于一列，每个观测值位于一行，变量名称 x 和 y 录入第一行，并且需要注意两个变量的观测值之间的一一对应关系。录入的数据保存为 Example3_2.csv(如图 3－2)。

使用 read.table()函数读入文件后，利用 Hmisc 包中的 describe()函数计算描述性统计数，代码和运行结果如下：

	A	B
1	x	y
2	1.58	180
3	9.98	28
4	9.42	25
5	1.25	117
6	0.3	165
7	2.41	175
8	11.01	40
9	1.85	160
10	6.04	120
11	5.92	80

图 3－2　例 3－2 数据录入格式

代码 3－3　通过 Hmisc 包中的 describe()函数计算例 3－2 数据的描述性统计数。

```
>example3_2 <- read.table("H:/R_language/Rstudy/Example3_2.csv", header = TRUE, sep = ",")
>library(Hmisc)
>Hmisc::describe(example3_2)
example3_2
2  Variables      10  Observations
--------------------------------------------------------------------------------
x
  n  missing  distinct  Info  Mean  Gmd  .05  .10  .25  .50  .75  .90  .95
10  0  10  1  4.976  4.728  0.7275  1.1550  1.6475  4.1650  8.5750  10.0830  10.5465
lowest :  0.30  1.25  1.58  1.85  2.41, highest:  5.92  6.04  9.42  9.98 11.01

Value        0.30  1.25  1.58  1.85  2.41  5.92  6.04  9.42  9.98 11.01
Frequency       1     1     1     1     1     1     1     1     1     1
Proportion    0.1   0.1   0.1   0.1   0.1   0.1   0.1   0.1   0.1   0.1
--------------------------------------------------------------------------------
```

```
y
  n  missing  distinct  Info  Mean  Gmd  .05  .10  .25  .50  .75  .90  .95
  10   0  10   1  109  73.16  26.35  27.70  50.00  118.50  163.75  175.50  177.75
lowest :  25  28  40  80 117, highest: 120 160 165 175 180

Value        25  28  40  80 117 120 160 165 175 180
Frequency     1   1   1   1   1   1   1   1   1   1
Proportion  0.1  0.1  0.1  0.1  0.1  0.1  0.1  0.1  0.1  0.1
------------------------------------------------------------------------------
```

运行结果显示，温雨系数(x)和虫口密度(y)的观测值数量均为 10，无缺失值，且 10 个观测值均为唯一值，并分别显示了温雨系数(x)和虫口密度(y)两个变量的连续性统计量、平均值、基尼均差、分位数、五个最大观测值和五个最小观测值，以及两个变量的分布频数和频率统计。

3.2.2 pastecs 包

pastecs 包中的 stat.desc()的函数可以计算种类繁多的描述性统计数。其一般使用格式为：

```
stat.desc(x, basic = TRUE, desc = TRUE, norm = FALSE, p = 0.95)
```

x：数据框或时间序列；

basic：逻辑值，TRUE 表示计算数据中所有值、空值、缺失值的数量以及最小值、最大值、值域和总和；

desc：逻辑值，TRUE 表示计算中位数、平均数、平均数的标准误、平均数置信度为 95%的置信区间、方差、标准差以及变异系数；

norm：逻辑值，TRUE 表示计算正态分布统计量，包括偏度和峰度系数、它们的统计显著程度以及 Shapiro—Wilk 正态检验结果。

使用 pastecs 包中的 stat.desc()的函数计算例 3-2 中数据的描述性统计数，代码和运行结果如下：

代码 3-4　通过 pastecs 包中的 stat.desc()的函数计算例 3-2 数据的描述性统计数。

```
>example3_2 <- read.table("H:/R_language/Rstudy/Example3_2.csv",header = TRUE,sep = ",")
>library(pastecs)
>pastecs::stat.desc(example3_2,norm = TRUE)
                x          y
nbr.val    10.0000000  10.0000000
nbr.null    0.0000000   0.0000000
nbr.na      0.0000000   0.0000000
```

```
min            0.3000000    25.0000000
max           11.0100000   180.0000000
range         10.7100000   155.0000000
sum           49.7600000 1090.0000000
median         4.1650000   118.5000000
mean           4.9760000   109.0000000
SE.mean        1.2774047    19.5896798
CI.mean.0.95   2.8896901    44.3149345
var       16.3176267 3837.5555556
std.dev    4.0395082   61.9480069
coef.var   0.8117983    0.5683303
skewness   0.2946624   -0.2193784
skew.2SE   0.2144425   -0.1596541
kurtosis   -1.7653653   -1.7966651
kurt.2SE   -0.6615578   -0.6732872
normtest.W  0.8775107    0.8768165
normtest.p  0.1221640    0.1199319
```

函数运行结果以列表形式返回了温雨系数(x)和虫口密度(y)的描述统计数,依次为:样本容量、缺失值数目、最小值、最大值、极差、总和、中位数、算术平均数、平均数标准误、方差、标准差、偏度和峰度系数及其统计显著程度、Shapiro-Wilk 正态检验结果。

3.2.3 psych 包

psych 包也拥有一个名为 describe()的函数,它可以计算非缺失值的数量、平均数、标准差、中位数、截尾均值、绝对中位差、最小值、最大值、值域、偏度系数、峰度系数和平均数标准误。其一般使用格式为:

```
describe(x, na.rm = TRUE, interp = FALSE, skew = TRUE, ranges = TRUE, trim = .1,
         type = 3, check = TRUE, fast = NULL, quant = NULL, IQR = FALSE, omit = FALSE)
```

x:对象,可以是数据框或矩阵;

na.rm:逻辑值,TRUE 表示自动去除缺失值;

interp:逻辑值,TRUE 表示计算内插中位数;

skew:逻辑值,TRUE 表示计算偏度系数和峰度系数;

ranges:逻辑值,TRUE 表示计算数据的极差;

trim:数值,表示计算截尾平均数截取的比例;

type:数值,表示峰度系数和偏度系数的计算方式;

check:逻辑值,TRUE 表示检查所有的非数值型向量,运算速度会减慢;

fast:逻辑值,TRUE 表示快速计算模式,只计算观测值数目、平均数、标准差、最小值、最大值和极差,FALSE 表示计算全部的描述统计数,可能运行速度较慢,NULL 表示在数据量较大时自动切换到快速模式;

quant：逻辑值，TRUE 表示计算分位数；

IQR：逻辑值，TRUE 表示显示分位点；

omit：逻辑值，TRUE 表示忽略非数值型变量。

使用 psych 包的 describe()函数计算例 3－2 中的描述性统计数，代码和运行结果如下：

代码 3－5　通过 psych 包的 describe()函数计算例 3－2 数据的描述性统计数。

```
> example3_2 <- read.table("H:/R_language/Rstudy/Example3_2.csv", header = TRUE, sep = ",")
> library(psych)
> psych::describe(example3_2)
  vars  n   mean    sd median trimmed   mad  min    max  range  skew kurtosis    se
x    1 10   4.98  4.04   4.17    4.81  4.08  0.3  11.01  10.71  0.29    -1.77  1.28
y    2 10 109.00 61.95 118.50  110.62 76.35 25.0 180.00 155.00 -0.22    -1.80 19.59
```

运行代码 3－5 后，依次输出了温雨系数(x)和虫口密度(y)的非缺失值的数量、平均数、标准差、中位数、截尾均值、绝对中位差、最小值、最大值、极差、偏度系数、峰度系数和平均数标准误。

3.3　分组描述性统计

在前面的分析中，我们将每个变量的全部观察值作为一个整体来进行统计。然而有些情况下，数据可根据某一个或某几个变量的值不同而划分为不同的组，并且需要对每组数据分别进行描述性统计。在 R 中，可以使用基础安装包中的 aggregate()函数或其他软件包来完成分组描述性统计的任务。

3.3.1　aggregrate()函数

aggregrate()函数可以将数据按单个或多个变量进行分组，然后对每一组数据分别进行函数统计，以表格形式输出统计结果，其一般使用格式为：

```
aggregate(x, by, FUN, ..., simplify = TRUE)
```

x：对象，通常为数据框；

by：列表，包含用于分组的单个或多个变量；

FUN：函数，表示要计算的统计数；

simplify：逻辑值，TRUE 表示将输出结果简化为一个向量或矩阵。

例 3－3　R 内置数据集 iris 中包含了 3 个品种的鸢尾花的 4 项指标（花萼长度、花萼宽度、花瓣长度、花瓣宽度）数值（单位：cm），试分别计算每个品种的上述 4 项指标的算术平均数。

在例 3－3 中，我们使用 R 内置数据集 iris。通过 head()命令查看数据，可以看到数据集包含 5 个变量，本例中使用的分组变量为品种（Species），使用 aggregate()函数分组计算描述性统计数，代码和运行结果如下：

代码 3－6 通过 aggregate()函数分组计算例 3－3 中数据的描述性统计数。

```
> head(iris)
  Sepal.Length Sepal.Width Petal.Length Petal.Width Species
1          5.1         3.5          1.4         0.2  setosa
2          4.9         3.0          1.4         0.2  setosa
3          4.7         3.2          1.3         0.2  setosa
4          4.6         3.1          1.5         0.2  setosa
5          5.0         3.6          1.4         0.2  setosa
6          5.4         3.9          1.7         0.4  setosa
> agg_mean = aggregate(iris[,1:4], by = list(iris $Species), FUN = mean, na.rm = TRUE)
> agg_mean
     Group.1 Sepal.Length Sepal.Width Petal.Length Petal.Width
1     setosa        5.006       3.428        1.462       0.246
2 versicolor        5.936       2.770        4.260       1.326
3  virginica        6.588       2.974        5.552       2.026
```

在上例中，iris[，1：4]表示 iris 数据框中的第一个至第四个变量，by＝list(iris $Species)参数指定了使用数据框 iris 中的变量“Species”作为分组变量，利用 mean 函数分别计算了 4 项指标的算术平均数，并自动去除缺失值，结果以数据框的形式展示。

3.3.2 describeBy()函数

aggregate()函数每次调用只能返回单个统计数，若要实现一次返回多个统计数，可以使用 psych 包中的 describeBy()函数，其一般使用格式为：

```
describeBy(x, group = NULL, mat = FALSE, type = 3, ...)
```

x：对象，可以为数据框或矩阵；

group：列表，包含用于分组的单个或多个元素；

mat：逻辑值，TRUE 表示输出格式为矩阵；

type：数字，表示峰度系数和偏度系数的计算方式。

使用 psych 包中的 describeBy()函数分组计算例 3－3 中数据的描述性统计数，代码和运行结果如下：

代码 3－7 通过 psych 包的 describeBy()函数分组计算例 3－3 数据的描述性统计数。

```
> library("psych")
> describeBy(iris, group = iris $Species, type = 3)

Descriptive statistics by group
```

```
group: setosa
         vars  n mean   sd median trimmed  mad min max range skew kurtosis   se
Sepal.Length    1 50 5.01 0.35   5.0    5.00 0.30 4.3 5.8   1.5 0.11      -0.45 0.05
Sepal.Width     2 50 3.43 0.38   3.4    3.42 0.37 2.3 4.4   2.1 0.04       0.60 0.05
Petal.Length    3 50 1.46 0.17   1.5    1.46 0.15 1.0 1.9   0.9 0.10       0.65 0.02
Petal.Width     4 50 0.25 0.11   0.2    0.24 0.00 0.1 0.6   0.5 1.18       1.26 0.01
Species*        5 50 1.00 0.00   1.0    1.00 0.00 1.0 1.0   0.0  NaN        NaN 0.00
------------------------------------------------------------------------------------
group: versicolor
         vars  n mean   sd median trimmed  mad min max range  skew kurtosis   se
Sepal.Length    1 50 5.94 0.52   5.90    5.94 0.52 4.9 7.0   2.1   0.10     -0.69 0.07
Sepal.Width     2 50 2.77 0.31   2.80    2.78 0.30 2.0 3.4   1.4  -0.34     -0.55 0.04
Petal.Length    3 50 4.26 0.47   4.35    4.29 0.52 3.0 5.1   2.1  -0.57     -0.19 0.07
Petal.Width     4 50 1.33 0.20   1.30    1.32 0.22 1.0 1.8   0.8  -0.03     -0.59 0.03
Species*        5 50 2.00 0.00   2.00    2.00 0.00 2.0 2.0   0.0   NaN        NaN 0.00
------------------------------------------------------------------------------------
group: virginica
         vars  n mean   sd median trimmed  mad min max range  skew kurtosis   se
Sepal.Length    1 50 6.59 0.64   6.50    6.57 0.59 4.9 7.9   3.0   0.11     -0.20 0.09
Sepal.Width     2 50 2.97 0.32   3.00    2.96 0.30 2.2 3.8   1.6   0.34      0.38 0.05
Petal.Length    3 50 5.55 0.55   5.55    5.51 0.67 4.5 6.9   2.4   0.52     -0.37 0.08
Petal.Width     4 50 2.03 0.27   2.00    2.03 0.30 1.4 2.5   1.1  -0.12     -0.75 0.04
Species*        5 50 3.00 0.00   3.00    3.00 0.00 3.0 3.0   0.0   NaN        NaN 0.00
```

在上例中，使用数据框的因子型向量“Species”作为分组因素，分别计算了4项指标的方差、观测值数目、平均数、标准差、中位数、截尾均值、绝对中位差、最小值、最大值、极差、偏度系数、峰度系数和平均数标准误。

3.4 频数分布分析

频数分布(frequency distribution)是指按照某种规则将数据分成若干组，分别统计各组数据的观察值数目(频数)，以反映数据分布的情况。频数分布分析是对数据进行描述性统计的重要方式。

3.4.1 频数分布表

频数分布表以表格的形式展示各个分组的频数，使用table()函数可以对单个或多个变量生成频数分布表。table()函数的一般用法如下：

```
table(var1, var2, ...,varN)
```

var1,var2:向量，通常为因子型或字符型。

对于字符型和因子型的向量，table()函数可以直接计算其每个水平的频数。对于数值型向量，则需要通过 cut()函数将其转化为因子型，cut()函数的一般用法如下：

```
cut(x, breaks = , right = , labels = c(" "))
```

x：数值型向量；

breaks：可以为向量或数值，若为向量，则用于设置划分区间的端点值，即组限，若为数值，则用于设置组数，自动计算组距；

right：逻辑值，TRUE 表示组区间左开右闭，FALSE 表示组区间左闭右开；

lables：字符型向量，设置每个组区间的标签。

在下面的例子中，我们对 iris 数据集的 Species 和 Petal.Length 两个变量进行频数统计，其中 Petal.Length 为数值型变量。

代码 3-8　利用 table()函数对 iris 数据集进行频数统计。

```
>myiris<-iris
>table(myiris$Species)

    setosa versicolor   virginica
        50         50          50
>myiris$Petal.Length<- cut(myiris$Petal.Length,
+                           breaks = c(0,3,5,8),
+                           labels = c("low","middle","high") )
>table(myiris$Species, myiris$Petal.Length)

            low middle high
  setosa     50      0    0
  versicolor  1     48    1
  virginica   0      9   41
```

在上例中，为了便于对数据进行编辑，我们先将内置数据集 iris 赋值给 myiris 数据框。通过对因子型变量 Species 进行频数分析，可以得知每个品种包含的观察值数目均为 50。随后我们通过 cut()函数将数值型变量 Petal.Length 转化成了具有三个水平的因子，并设置标签。使用 table()函数对 Species 和 Petal.Length 两个变量做频数分析，可以得到一个二维列联表，其中包括 2 个变量 3 个水平的全部组合所包含的观察值数目。

在上例中，我们简单地根据经验值设置了变量 Petal.Length 的分类标准。在对连续性数值变量进行统计分析时，需要按照一定的规则对数据进行分组。制作连续性变量的频数分布表一般包含以下四个步骤：

第一步　计算数据的最大值、最小值和极差，为确定组距与组数提供依据；

第二步　确定组数与组距：组数以能够反映出频数分布的特征为原则，一般为 10～15 个左右，组距＝极差/组数，可通过适当的调整，使组距尽量取便于计算的数值；

第三步　确定组限：组限就是表明每组两端的数值，通常区间是左闭右开型的；

第四步　制作频数分布表：统计落在各个小组内的数据个数，即为频数。

我们按照上述四个步骤对例3-1中的数据制作频数分布表，代码及运行结果如下：

代码3-9　制作例3-1数据的频数分布表。

```
>example3_1<-read.table("D:/R/Example3_1.csv", header=TRUE, sep=",")
>range(example3_1$length)
[1] 27.25 32.38
>breaks<-seq(from=27, to=32.5, by=0.5)
>breaks
[1] 27.0 27.5 28.0 28.5 29.0 29.5 30.0 30.5 31.0 31.5 32.0 32.5
>length<- cut(example3_1$length, breaks = breaks)
>table(length)
length
(27,27.5] (27.5,28] (28,28.5] (28.5,29] (29,29.5] (29.5,30]
    1         3         6        13        18        20
(30,30.5] (30.5,31] (31,31.5] (31.5,32] (32,32.5]
   16        16         7         4         2
```

在上例中，我们通过range()函数求得变量$length的值域为27.25～32.38，计算可得极差为5.13；根据极差设置组数为11、组距为0.5是较为合理的；根据变量的值域，将最低组的低限设置为27，最高组的高限设置为32.5，利用seq()函数生成等差数列作为分组的组限值；然后，利用cut()函数将向量转化为因子，并利用table()函数生成频数统计表。

3.4.2　频数分布图

使用频数分布图可以直观地展示数据的分布情况，便于观察和发现规律。本小节中简要介绍如何绘制频数分布相关图形，包括直方图、核密度图、条形图。更加详细的绘图功能介绍请参考本书第10章的内容。

一、直方图

直方图(histograms)通常用来描述连续型变量，其绘制过程与制作频数分布表相似，首先需要将数据按照一定的间隔进行分组，然后分别统计，每一组内的个体数目直方图的横坐标代表数据的分组区间，纵坐标代表频数。绘制直方图通常使用hist()函数，其基本用法如下：

```
hist(x, breaks = , labels = c(" "), freq = , right = , main=" ",
xlim =c(), ylim =c(), xlab =" " , ylab= " ", plot= ,)
```

x：数值型向量。

breaks：数值型向量或数值，若为向量，则用于设置组限；若为数值，则用于设置组数，自动计算组距。

labels：字符型向量，设置组区间标签。

freq：逻辑值，TRUE 表示显示每个区间内的频数，FALSE 表示显示频率（频数/总数）。

right：逻辑值，TRUE 表示组区间左开右闭，FALSE 表示组区间左闭右开。

main：字符串，设置图表标题。

xlim、ylim：数值型向量，设置 x 轴和 y 轴的取值范围。

xlab、ylab：字符串，设置 x 轴、y 轴标签。

plot：逻辑值，为 FALSE 时不绘制图形，而是返回 breaks、counts 等列表。

以上参数中，只有向量 x 是必须提供的，在没有指定其他参数的情况下，R 会自动根据数据分布情况计算出合适的组数和组距，并生成直方图。

二、核密度图

核密度图（density plot）是一条平滑曲线，其横坐标代表取值范围，纵坐标代表一定区间内的概率密度，核密度曲线与横轴围城的图形面积为 1。核密度估计实质上是根据数据的概率分布估计其概率密度函数的一种非参数测验，同时它也是用来观察连续性变量分布情况的有效方法，在本章中我们只介绍其简单用法。核密度估计通过 density()函数完成，其基本用法如下：

```
density(x, n = , from = , to = )
```

x：数值型向量；

n：数值，表示用于估算密度的等距点数目；

from、to：数值，指定核密度计算的范围的低限和高限。

完成核密度估计后，使用 plot()函数生成图形。plot()是 R 中的基础绘图函数，其基本用法如下：

```
plot(x, y = , type = "p", main = " ", sub = " ", xlab = " ", ylab = " ", xlim = c(), ylim =
c(), ...)
```

x、y：绘图向量；

type：字符串，表示绘图类型，"p"表示绘制点图，"l"表示线图，"b"表示点线图，"s"表示阶梯图；

main、sub：字符串，分别设置图表标题和副标题；

xlab、ylab：字符串，分别设置 x 轴、y 轴标签；

xlim、ylim：数值型向量，分别设置 x 轴和 y 轴的取值范围。

对例 3 - 1 中"岱字棉"纤维长度数据绘制直方图和核密度图，代码和运行结果如下：

代码 3 - 10　对例 3 - 1 数据绘制直方图和核密度图。

```
> example3_1 <- read.table("H:/R_language/Rstudy/Example3_1.csv", header = TRUE, sep = ",")
> hist(example3_1$length)
> d <- density(example3_1$length, n = length(example3_1$length))
> plot(d, main = "")
```

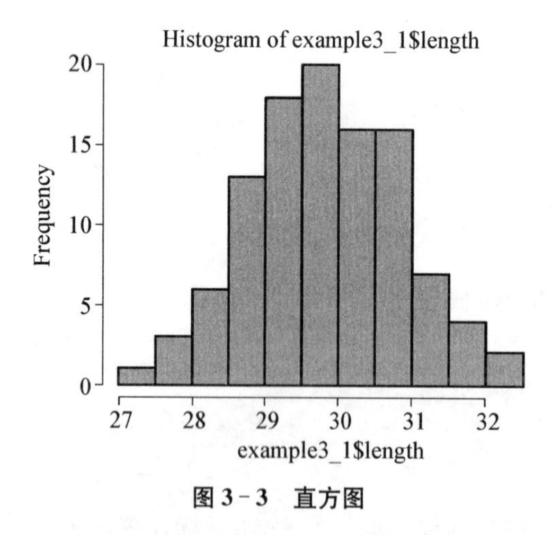

图 3-3 直方图

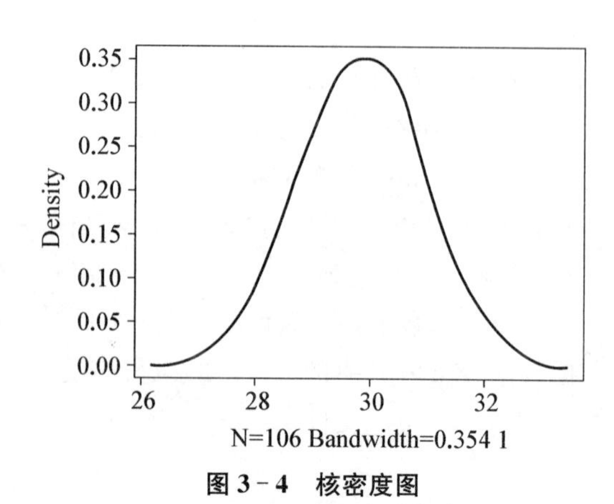

图 3-4 核密度图

通过绘制直方图和核密度图(如图 3-3、图 3-4),我们可以看出数据分布的以下特点:(1)"岱字棉"的纤维长度分布范围为 27.0～32.5 mm 之间;(2) 大部分"岱字棉"的纤维长度分布在 28.5～31.0 mm 之间;(3)"岱字棉"的纤维长度是以 29.5～30.0 mm 为中心左右对称分布的。

三、条形图

对于间断型变量,通常使用条形图(barplot)来绘制其分布模式,条形图与直方图结构相似,横轴表示数据的分组区间,纵轴表示分布频数。由于变量是间断不连续的,条形图分组区间之间具有间隔。

在绘制条形图之前,首先需要通过 table()函数计算每个组区间的频数。绘制条形图通常使用 barplot()函数,其基本用法如下:

```
barplot(x, horiz = , beside = )
```

x:数值型向量,包含每个柱子的高度;

horiz:逻辑值,TRUE 表示绘制水平条形图;

beside:逻辑值,TRUE 表示将多个柱形并列放置,FALSE 表示堆叠放置。

此外,基础函数 plot()的各项参数同样适用于 barplot(),因此不再赘述。

例 3-4 考查某小麦品种的 100 个麦穗的小穗数,得结果见表 3-3 所示,试绘制麦穗小穗数的分布频数条形图。

表 3-3 100 个小麦麦穗的小穗数

18	15	17	19	16	15	20	18	19	17
17	18	17	16	18	20	19	17	16	18
17	16	17	19	18	18	17	17	17	18
18	15	16	18	18	18	17	20	19	18
17	19	15	17	17	17	16	17	18	18

续　表

17	19	19	17	19	17	18	16	18	17
17	19	16	16	17	17	17	16	17	16
18	19	18	18	19	19	20	15	16	19
18	17	18	20	19	17	18	17	17	16
15	16	18	17	18	16	17	19	19	17

每个小麦麦穗上的小穗数只能取正整数，因此，例 3 - 4 中的小穗数属于间断型变量。我们将表 3 - 3 中的数据录入 Excel 表格中的一列，列名称为 number，然后保存为 Example3_4.csv 文件（如图 3 - 5）。

	A		A		A		A		A		A
1	number	18	19	35	18	52	15	69	20	86	18
2	18	19	19	36	17	53	20	70	18	87	18
3	17	20	17	37	17	54	18	71	17	88	17
4	17	21	16	38	16	55	18	72	18	89	16
5	18	22	17	39	18	56	17	73	17	90	17
6	17	23	17	40	20	57	17	74	17	91	19
7	17	24	17	41	17	58	17	75	20	92	17
8	17	25	16	42	16	59	19	76	17	93	18
9	18	26	15	43	18	60	17	77	16	94	18
10	18	27	19	44	18	61	16	78	16	95	18
11	15	28	16	45	18	62	20	79	15	96	18
12	15	29	18	46	17	63	19	80	17	97	17
13	18	30	18	47	19	64	17	81	19	98	16
14	16	31	18	48	17	65	17	82	19	99	19
15	15	32	19	49	19	66	16	83	16	100	16
16	19	33	16	50	19	67	18	84	17	101	17
17	19	34	19	51	18	68	17	85	19	102	

图 3 - 5　例 3 - 4 数据录入格式

对该数据的分布频数绘制条形图，代码和运行结果如下：

代码 3 - 11　对例 3 - 4 数据绘制频数分布条形图。

条形图结果显示，该品种小麦麦穗的小穗数取值范围为 15～20 个，其中出现频率最高的小穗数为 17 个，其次为 18 个。

```
> example3_4 <- read.table("H:/R_language/Rstudy/Example3_3.csv", header = TRUE, sep = ",")
>counts <- table(example3_3$number)
>barplot(counts, xlab = "number", ylab = "frequency")
```

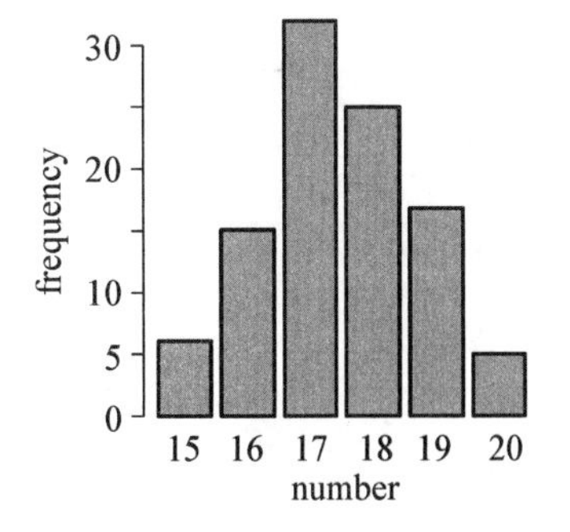

图 3 - 6　频数分布条形图

练习题

3－1 一组数据的分布特征可以从哪几个方面进行测度？

3－2 下表为 140 行水稻的产量，试用 R 对该数据进行描述性统计分析。要求如下：

（1）输出结果至少包括下列统计数：平均数、中位数、众数、标准差、方差、极差、平均数标准误；

（2）制作频数分布表；

（3）绘制频数分布直方图和核密度图。

140 行水稻产量(单位:克)

177	215	197	97	123	159	245	119	119	131	149	152	167	104
161	214	125	175	219	118	192	176	175	95	136	199	116	165
214	95	158	83	137	80	138	151	187	126	196	134	206	137
98	97	129	143	179	174	159	165	136	108	101	141	148	168
163	176	102	194	145	173	75	130	149	150	161	155	111	158
131	189	91	142	140	154	152	163	123	205	149	155	131	209
183	97	119	181	149	187	131	215	111	186	118	150	155	197
116	254	239	160	172	179	151	198	124	179	135	184	168	169
173	181	188	211	197	175	122	151	171	166	175	143	190	213
192	231	163	159	158	159	177	147	194	227	141	169	124	159

3－3 测定了 4 种密度下“金皇后”玉米的千粒重(克)，得结果如下表，试利用 R 分组计算每种密度之下玉米千粒重的描述性统计数。

种植密度(千株/亩)			
2	4	6	8
247	238	214	210
258	244	227	204
256	236	221	200
251	246	218	210

假设测验

假设测验，又称为显著性检验(significant testing)，指的是运用抽样分布等概率原理，利用样本资料测验这些样本所在总体(即处理)的参数有无差异，并对测验的可靠程度做出度量的过程。

假设测验具体操作过程为根据某种实际需要对未知的或不完全知道的统计总体提出意义相反的两种假设，然后由样本的实际结果，经过一定的计算，推断在概率意义上应当接受哪一种假设。例如要比较两个品种的产量有无差异，一个新选育出的棉花品种的纤维长度是否达到相应的国家标准，两种农药对某种虫害的防治效果是否一样，等等。这些问题不能通过简单的比较来下结论，必须通过概率计算做出选择，这就是统计假设测验要研究的问题。根据实际问题进行统计分析时数据资料所符合的理论分布模型不同，以及样本和统计量的不同，统计假设测验方法也不同，如对连续性变量资料的平均数进行测验可使用 u 测验和 t 测验，而对方差进行测验可使用 F 测验和 χ^2 测验，对于次数资料的分析可使用 χ^2 测验等。

4.1 F 测验

F 测验也称为方差的齐性测验，目的是测验两个抽自正态总体的独立样本的方差 s_1^2 和 s_2^2 所属的总体方差 σ_1^2 和 σ_2^2 是否有显著差异。已知样本方差 s_1^2 和 s_2^2 的比率遵循 F 分布，因此需采用 F 测验。需要注意的是，F 测验也分为一尾测验和两尾测验。

两尾测验的无效假设和备择假设分别为：$H_0:\sigma_1^2=\sigma_2^2$，对 $H_A:\sigma_1^2\neq\sigma_2^2$。一尾测验的无效假设和备择假设分别为：$H_0:\sigma_1^2\leqslant\sigma_2^2$，对 $H_A:\sigma_1^2>\sigma_2^2$。

在 R 中，可以通过 var.test()函数进行方差的齐性测验，其一般使用格式为：

```
var.test(x, y, ratio = 1,
         alternative = c ("two.sided", "less", "greater"),
         conf.level = 0.95, ...)
```

x，y：分别表示两个数值型向量；

ratio：表示向量 x 和向量 y 所代表的总体方差的比值，默认值为 1；

alternative：该参数设定备择假设，two.sided 表示假定采用两尾测验，less 和 greater

均表示采用一尾测验,默认为 two.sided;

conf.level:计算置信区间的概率水平,默认为95%的置信区间。

例 4-1 为分析一种新研制的杀虫剂在白菜中残留量,测定生长季节喷过该杀虫剂的白菜叶片混合样品5次,得药剂含量(mg)分别为:13.4,12.8,14.6,13.1,14.2;同时取未喷过该杀虫剂(对照)的叶片混合样品4次,测定得药剂含量(mg)分别为:8.8,9.1,8.5,7.9,试分析两个样本的方差是否存在显著差异。

代码 4-1 *F* 测验。

```
>x <- c(13.4, 12.8, 14.6, 13.1, 14.2)
>y <- c(8.8, 9.1, 8.5, 7.9)
>var.test(x,y)


    F test to compare two variances


data:  x and y
F = 2.179, num df = 4, denom df = 3, p-value = 0.5483
alternative hypothesis: true ratio of variances is not equal to 1
95 percent confidence interval:
  0.1442984 21.7451488
sample estimates:
ratio of variances
          2.179048
```

根据计算的结果,F 值为2.179,x 变量的自由度为4,y 变量的自由度为3,无效假设 H_0 发生的概率值为0.548 3,大于设定的显著性水平0.05,因此,在0.05的显著性水平上接受无效假设 H_0,即两个样本的方差不存在显著差异。

4.2 *t* 测验

t 测验,也被称之为学生氏 *t* 测验(Student's t test),主要用于样本含量较小(例如 $n<30$),总体标准差 σ^2 未知的正态分布。*t* 测验是用 *t* 分布理论来推论差异发生的概率,从而比较两个平均数的差异是否显著。*t* 测验可分为单个样本平均数的 *t* 测验、两个独立样本的 *t* 测验和两个配对样本的 *t* 测验。

在 R 中,一般通过 t.test()函数进行 *t* 测验,其一般使用格式为:

```
t.test (x, y = NULL,
         alternative = c("two.sided", "less", "greater"),
         mu = 0, paired = FALSE, var.equal = FALSE,
         conf.level = 0.95, ...)
```

x,y:分别表示两个数值型向量,在进行单个样本平均数的假设测验时,y 可省略;

alternative：该参数设定备择假设，two.sided 表示假定 $H_0:\mu_1=\mu_2$，采用两尾测验，less 和 greater 均表示采用一尾测验，less 假定 $H_0:\mu_1\leqslant\mu_2$，greater 假定 $H_0:\mu_1\geqslant\mu_2$，默认为 two.sided；

mu：单样本检验时，需要设定的平均值；

paired：逻辑参数，是否进行配对 t－test，默认值为 FALSE；

var.equal：两个样本检验时，总体方差是否相等，默认为 FALSE；

conf.level：计算置信区间的概率水平，默认为 95%的置信区间。

4.2.1　单个样本平均数的假设测验

单个样本平均数 t 测验目的是测验一个样本平均数 $\bar{y}$ 的总体平均数 μ 与某一指定的总体平均数 μ_0 是否相等。

单个样本平均数 t 测验的应用条件包括：总体方差未知；小样本（$n<30$）连续型变量资料；样本来自正态分布总体。

单个样本平均数 t 测验中 t 值的计算方式为：

$$t=\frac{\bar{y}-\mu_0}{s_{\bar{y}}}$$

其中 $s_{\bar{y}}$ 为样本平均数的标准误，计算方法为：

$$s_{\bar{y}}=s/\sqrt{n}$$

t 分布是随自由度 df 的不同而变化的一组曲线，此处 t 分布的自由度为 $n-1$。

单个样本平均数 t 测验的步骤包括：

第一步　提出无效假设 $H_0:\mu=\mu_0$，即两个总体平均数间不存在差异，实得差异是由于试验误差造成的；备择假设 $H_A:\mu\neq\mu_0$，即两个总体平均数间存在差异。

第二步　确定显著水平 α，在农学与生物学试验中，通常取 0.05 或 0.01。

第三步　在 H_0 为正确的假设下，计算相应的 t 测验统计数，并基于 t 分布规律计算显著性测验概率值。

第四步　如果此概率小于 α，则在 α 水平上否定 H_0，接受 H_A，即推断实得差异表明总体差数不同；如果这个概率大于或等于 α，则接受 H_0，即推断实得差异由误差造成，或者说要否定 H_0 尚证据不足。

例 4－2　某当地推广马铃薯品种单薯块重 $\mu_0=92$(g)，现有一新育成品种，在 10 个小区种植，得单薯块重(g)：93.1，92.9，95.5，93.8，94.6，96.2，90.5，91.7，94.8，93.6。问：新品种的单薯块重与原当地品种单薯块重有无显著差异？

代码 4－2　单个样本平均数的假设测验。

```
>t <- c(93.1, 92.9, 95.5, 93.8, 94.6, 96.2, 90.5, 91.7, 94.8, 93.6)
>t.test(t, mu = 92)
      One Sample t - test
data:  t
```

```
t = 3.0626, df = 9, p-value = 0.01352
alternative hypothesis: true mean is not equal to 92
95 percent confidence interval:
 92.43646 94.90354
sample estimates:
mean of x
    93.67
```

根据计算的结果,可知新育成品种单薯块重的平均值为93.67。显著性测验的t值为3.062 6,自由度为9,无效假设发生的概率值为0.013 52,该概率值小于显著水平0.05,因此,否定无效假设,认为新品种的单薯块重与原当地品种单薯块重有显著差异。

4.2.2 独立样本的 t 测验

两个独立样本的t测验,又称成组比较或组群比较。设有两个独立样本,第一样本具容量n_1、平均数$\bar{y}_1$,第二样本具容量n_2、平均数$\bar{y}_2$。其假设测验就是测验$\bar{y}_1$的总体平均数μ_1是否显著不同于$\bar{y}_2$的总体平均数μ_2,可将无效假设设为$H_0:\mu_1=\mu_2$,对应的备择假设为$H_A:\mu_1\neq\mu_2$。

当两样本的总体方差相等时,即$\sigma_1^2=\sigma_2^2$,在分析时宜先算得两样本的合并均方值,即均方平均数$\bar{s}^2$:

$$\bar{s}^2=\frac{\sum(Y_1-\bar{y}_1)^2+\sum(Y_2-\bar{y}_2)^2}{(n_1-1)+(n_2-1)}$$

然后算得平均数差数的标准误$s_{\bar{y}_1-\bar{y}_2}$为:

$$s_{\bar{y}_1-\bar{y}_2}=\sqrt{\bar{s}^2(\frac{1}{n_1}+\frac{1}{n_2})}$$

进而计算出t测验统计数:

$$t=\frac{(\bar{y}_1-\bar{y}_2)-(\mu_1-\mu_2)}{s_{\bar{y}_1-\bar{y}_2}}$$

其服从$v=(n_1+n_2-2)$的t分布。

当两样本的总体方差不相等时,即$\sigma_1^2\neq\sigma_2^2$,用s_1^2和s_2^2作为σ_1^2和σ_2^2的估计,得到t统计量:

$$t=\frac{(\bar{y}_1-\bar{y}_2)-(\mu_1-\mu_2)}{\sqrt{s_1^2/n_1+s_2^2/n_2}}$$

严格地说,所得到的统计量t已不再服从t分布,但与适当自由度ν'的t分布很接近。ν'由公式

$$\nu'=\frac{(s_1^2/n_1+s_2^2/n_2)^2}{s_1^4/(n_1-1)n_1^2+s_2^4/(n_2-1)n_2^2}$$

决定。ν' 一般不是整数,可以取与之最接近的整数代替之。这样近似地有

$$t=\frac{(\bar{y}_1-\bar{y}_2)-(\mu_1-\mu_2)}{\sqrt{s_1^2/n_1+s_2^2/n_2}}。$$

所以在分析两个独立样本的 t 测验数据资料时,宜采用本章前面介绍的 var.test()函数检验两样本总体方差之间是否存在显著差异。若两样本总体方差之间不存在显著差异,则 var.equal = TRUE;若两样本总体方差之间存在显著差异,则采用默认值。

例 4-3　测定前喷洒过某种有机砷杀雄剂的麦田植株样本 4 次,得株体中的砷残留量为 7.5、9.7、6.8、6.4(毫克);测定对照(前作未用过有机砷杀雄剂)的植株样本 3 次,得株体中砷含量为 4.2、7.0、4.6。试测验两种情况下砷残留量是否具有显著差异。

代码 4-3　组群比较。

```
>x<-c(7.5,9.7,6.8,6.4)
>y<-c(4.2,7.0,4.6)
>var.test(x,y)

        F test to compare two variances
data:  x and y
F = 0.94477, num df = 3, denom df = 2,
p-value = 0.8978
alternative hypothesis: true ratio of variances is not equal to 1
95 percent confidence interval:
  0.02412244 15.15794939
sample estimates:
ratio of variances
          0.9447674

>t.test(x, y, alternative = "two.sided",var.equal = TRUE)

        Two Sample t-test
data:  x and y
t = 2.0516, df = 5, p-value = 0.09544
alternative hypothesis: true difference in means is not equal to 0
95 percent confidence interval:
 -0.5901817  5.2568483
sample estimates:
mean of x mean of y
 7.600000  5.266667
```

在该例中,我们首先对两个样本的总体方差进行 F 测验,根据代码 4-3 所示的结果,在 0.05 的显著性水平上,两个方差并没有显著差异($F=0.94477$,p value$=0.8978$),因

此，在 t.test()函数中我们将参数 var.equal 设置为“TRUE”。其次，因该例是测验两样本总体平均数是否具有显著差异，所以我们应该采用两尾测验，将参数 alternative 设置为“two.sided”。

结果显示，计算的 t 值为 2.0516，自由度为 5，概率值大于 0.05，表明两处理平均数间的差异不显著，有机砷杀雄剂在株体中没有显著残留。

例 4-4 对例 4-1 数据进行独立样本的 t 测验，分析生长季节喷过该杀虫剂能否使叶片的药剂含量显著提高。

代码 4-4 组群比较。

```
>x <- c(13.4, 12.8, 14.6, 13.1, 14.2)
>y <- c(8.8, 9.1, 8.5, 7.9)
>t.test(x, y, alternative = "greater", var.equal = TRUE)


    Two Sample t-test


data:  x and y
t = 11.346, df = 7, p-value = 4.626e-06
alternative hypothesis: true difference in means is greater than 0
95 percent confidence interval:
 4.202582      Inf
sample estimates:
mean of x mean of y
   13.620     8.575
```

在该例中，因测验 x 样本总体的平均值是否显著高于 y 样本总体的平均值，所以我们采用的是一尾测验，将参数 alternative 设置为“greater”。根据之前的测验结果，两个样本的方差不存在显著差异，所以将参数 var.equal 设置为“TRUE”。

根据代码 4-4 所示的结果，两个变量的平均数分别为 13.620 和 8.575，平均数差数的 95%的置信区间为[4.202 582，+∞)，计算的 t 值为 11.346，自由度为 7，概率值小于 0.01，表明生长季节喷过该杀虫剂使叶片的药剂含量显著提高。

4.2.3 成对样本的 t 测验

若两个样本的观察值因某种联系而一一配对(例如相邻两区的产量，同窝两猪的体重等)，我们根据一定的专业知识或经验可以判断一对对地比较更为合理，则应成对比较。两个成对样本的 t 测验，又称配对样本的 t 测验或成对比较。在分析时，只需假设两样本的总体差数的平均数 $\mu_d = \mu_1 - \mu_2 = 0$，而不必考虑两样本的总体方差 σ_1^2 和 σ_2^2 是否相等。

设样本 1 的 y_{1j} 和样本 2 的 y_{2j} 构成一成对的数据，差数 $d_j = y_{1j} - y_{2j}$，且共有 n 对独立的比较，即 $j=1,2,\cdots,n$，则差数的平均数 $\bar{d}$、标准差 s_d 和差数平均数的标准误 $s_{\bar{d}}$ 依次为：

$$\bar{d}=\frac{1}{n}\sum d, s_d=\sqrt{\frac{ss_d}{n-1}}=\sqrt{\frac{\sum(d-\bar{d})^2}{n-1}}=\sqrt{\frac{\sum d^2-\frac{(\sum d)^2}{n}}{n-1}}, s_{\bar{d}}=\frac{s_d}{\sqrt{n}},$$

则：

$$t=\frac{\bar{d}-\mu_d}{s_{\bar{d}}}$$

具有 $v=n-1$，μ_d 为差数的总体平均数。

例 4-5　为测定 A、B 两种病毒对烟草的致病力，取 8 株烟草，每一株皆半叶接种 A 病毒，另半叶接种 B 病毒，以叶面出现枯斑数的多少作为致病力强弱的指标，得结果于表 4-1。试测验两种病毒致病力的差异显著性。

表 4-1　两种病毒在烟叶上产生的枯斑数

株号	1	2	3	4	5	6	7	8
病毒 A	9	17	31	18	7	8	20	10
病毒 B	10	11	18	14	6	7	17	5

代码 4-5　成对比较。

```
>x <- c(9, 17, 31, 18, 7, 8, 20, 10)
>y <- c(10, 11, 18, 14, 6, 7, 17, 5)
>t.test(x, y, paired = TRUE)

    Paired t-test

data:  x and y
t = 2.6253, df = 7, p-value = 0.03414
alternative hypothesis: true difference in means is not equal to 0
95 percent confidence interval:
 0.3972029 7.6027971
sample estimates:
mean of the differences
                      4
```

因本例为两个成对样本的 t 测验，所以我们选择 paired = TRUE。

根据计算结果，平均数间的差数为 4，该差数 95% 的置信区间为[0.3972029，7.6027971]，测验的 t 值为 2.6253，自由度为 7，概率值为 0.03414，该概率值小于 0.05，表明两种病毒的致病力具有显著差异。

4.3 卡方测验

在农业和生物学试验中有许多质量性状。这些性状往往难以用数量水平表示，而只能用出现的次数表示。例如，将有芒白粒小麦与无芒红粒小麦杂交，在 F_2 代会出现有芒白粒、有芒红粒、无芒白粒、无芒红粒等植株类型。对于每种类型的各个个体，其量值很难测定，但观察各种类型植株的出现却显然是合理且方便的。此外，数量性状也可能用次数来表示。例如，在玉米群体中，有无穗株（空杆）、单穗株、双穗株等类型。我们当然可以记录其每株穗数求得平均数，但如按每株穗数为 0、1、2 等而列成次数，当然也是一种正确的表示方式。因此，不论质量性状或数量性状，都是可能用次数表示的。

设某次数资料的总体，共有 k 个类型或组，每组个体的出现概率依次为 $p_1, p_2, \cdots, p_k$，则在 n 次独立的观察中，各组的期望（理论）次数依次为 $E_1=np_1, E_2=np_2, \cdots, E_k=np_k$。若各组的观察次数依次为 $O_1, O_2, \cdots, O_k$，则数理统计学已经证明：

$$\chi^2=\sum_{i=1}^{k}\frac{(O_i-np_i)^2}{np_i}=\sum_{i=1}^{k}\frac{(O_i-E_i)^2}{E_i}$$

遵循 $v=(k-m)$ 的 χ^2 分布（这里的 m 是独立约束条件的个数），所以有 χ^2 分布可对次数资料做出有关测验。

在 R 中，进行卡方（χ^2）测验的函数为 chisq.test()，其一般的使用格式为：

```
chisq.test(x, y = NULL, correct = TRUE,
           p = rep(1/length(x), length(x)), rescale.p = FALSE,
           simulate.p.value = FALSE, B = 2000)
```

x：由观测数据构成的向量或矩阵；

y：数据向量，当 x 为矩阵时，y 无效；

correct：逻辑变量，表明是否用于连续矫正，TRUE（缺省值）表示矫正，FALSE 表示不矫正；

p：原假设类型间的理论概率，缺省值表示均匀分布；

rescale.p：逻辑变量，选择 FALSE（缺省值）时，要求数据的 p 满足综合为 1，选择 TRUE 时，并不要求这一点，程序会重新计算 p 值；

simulate.p.value：逻辑变量，缺省值为 FALSE，若为 TRUE，则将用仿真的方法计算 p 值，此时 B 表示仿真的次数。

4.3.1 适合性测验

适合性测验（test of goodness-of-fit）是测验观察的实际次数和根据某种理论或需要预期的理论次数是否相符合。所做的假设是 H_0：符合，H_A：不相符。

例 4-6 两对等位基因控制的两对相对性状遗传，如果两对等位基因完全显性且无连锁，则 F_2 的四种表现型在理论上应有 9∶3∶3∶1 的比例。有一水稻遗传试验，以稃尖有色非糯品种与稃尖无色糯性品种杂交，其 F_2 的观察结果为稃尖有色非糯 491 株，稃尖有色糯稻 76 株，稃尖无色非糯 90 株，稃尖无色糯稻 86 株。试测验是否符合 9∶3∶3∶1 的理论比例。

代码 4-6　适合性测验。

```
>x <- c(491, 76, 90, 86)
>chisq.test(x, p=c(9, 3, 3, 1), rescale.p = TRUE)


    Chi-squared test for given probabilities


data:  x
X-squared = 92.706, df = 3, p-value < 2.2e-16
```

此处，设定的概率值为 9∶3∶3∶1，因 p 值之和超过 1，所以指定 rescale.p = TRUE。rescale.p 缺省时，则可以通过 p=c(9, 3, 3, 1)/16 指定概率值。

根据代码 4-6 的计算结果可知，χ^2 值为 92.706，自由度为 3，测验的概率值小于 0.01，表明四种表型偏离了 9∶3∶3∶1 的理论比例。

4.3.2　独立性测验

独立性测验是测验不同因素的列联次数是彼此独立，还是相互关联。所谓独立，是指因素之间没有相关，或者说任一行(列)的次数比率都是齐性的；所谓关联，是指因素之间存在相互作用，或者说各行(各列)的次数比率是非齐性的。

进行独立性测验(text of independence)，需先将次数资料作成列联表(contingency table)；然后在“H_0 独立”为正确的假设下，算得表中每一细格与实际次数相应的理论次数；最后，根据公式算得 χ^2 值，作为 H_0 被接受或否定的依据。设列联表有 R 行 C 列，则所得 χ^2 值遵循 $\nu=(R-1)(C-1)$ 的 χ^2 分布。当所得 $\chi^2>\chi^2_\alpha$ 时，为在 α 水平上否定 H_0。

例 4-7　检测甲、乙、丙 3 种农药对烟蚜的毒杀效果：用甲农药处理 187 头烟蚜，其中 37 头死亡，150 头未死亡；用乙农药处理 149 头烟蚜，其中 49 头死亡，100 头未死亡；用丙农药处理 80 头烟蚜，其中 23 头死亡，57 头未死亡。试分析这三种农药对烟蚜的毒杀效果是否一致？

代码 4-7　独立性测验。

```
>x <- matrix(c(37, 49, 23, 150,100, 57), nrow = 2, ncol = 3)
>chisq.test(x)
    Pearson's Chi-squared test
data:  x
X-squared = 7.6919, df = 2, p-value = 0.02137
```

此处，x 为 2 行 3 列的矩阵。根据代码 4-7 的计算结果可知，χ^2 值为 7.691 9，自由度为 2，测验的概率值小于 0.05，表明 3 种农药对烟蚜的毒杀效果有显著差异。

练习题

4-1 某春小麦良种的千粒重 34 g，现自外地引入一高产品种，在 8 个小区种植，得其千粒重(g)为：35.6、37.6、33.4、35.1、32.7、36.8、35.9、34.6。试测验新引入品种的千粒重与当地良种有无显著差异。

4-2 测定了两个玉米自交系的株高，从甲中抽出 8 株，株高(cm)分别为 166,165,166,168,162,165,163,166。又从乙中抽出 8 株，株高分别为 164,161,157,165,165,163,162,163。试分析两个玉米自交系的株高整齐度是否存在显著差异。

4-3 为研究矮壮素矮化的效果，在抽穗期测定喷矮壮素小区 8 株玉米的株高、9 株对照区玉米的株高，其株高(cm)结果如下表。试测验矮壮素的矮化效果是否显著。

y_1(喷矮壮素)	y_2(对照)	y_1(喷矮壮素)	y_2(对照)
160	170	170	290
160	270	150	270
200	180	210	230
160	250		170
200	270		

4-4 选生长期、发育进度、植株大小和其他方面皆比较一致的两株番茄构成一组，共得 7 组，每组中一株接种 A 处理病毒，另一株接种 B 处理病毒，以研究不同处理方法的钝化病毒效果，下表结果为病毒在番茄上产生的病痕数目。试测验两种处理方法的差异显著性。

组别	y_1(A 法)	y_2(B 法)	组别	y_1(A 法)	y_2(B 法)
1	10	25	5	5	12
2	13	12	6	20	27
3	8	14	7	6	18
4	3	15			

4-5 在红稃尖绿叶鞘水稻和紫稃尖紫叶鞘水稻杂交的 F_2 代，观察到紫尖紫鞘 249 株，紫尖绿鞘 87 株，红尖紫鞘 79 株，红尖绿鞘 25 株。试测验 F_2 代比例是否符合 9∶3∶3∶1 的理论比例。

4-6 调查某苹果不同树龄各类枝组坐果数列于下表。试测验坐果率是否与枝组大小有关?

树龄	大枝组坐果	中枝组坐果	小枝组坐果	总 和
A	119	50	91	260
B	160	48	112	320
C	158	116	118	392
总 和	437	214	321	972

第5章

方差分析

对于两个平均数的假设测验，一般可以采用 u 测验或 t 测验的方法完成。对于多个平均数的假设测验，由于测验程序繁杂、误差估计不精确，尤其是犯 α 错误的概率增加等原因，一般不再利用 t 测验两两进行，而采用一种统一方法——方差分析法(analysis of variance，简记为 ANOVA)。

方差分析方法最早是由 R. A. Fisher 于 1920 年前后对农业试验进行统计分析的时候提出的。方差分析的基本思想是将所有观察值的总变异分解成不同的变异来源，即对总变异来源的自由度和平方和进行分解，进而获得不同变异来源的总体方差的估值。通过构建适当的 F 值，进行 F 测验，完成多个样本平均数之间差异的显著性测验。

方差分析不仅能够分析单因素多水平(处理)效应值间平均数的差异，还能同时分析两个因素甚至多个因素多水平间平均数的差异，以及各因素间的交互作用。当处理效应为固定效应时，尚可对各个处理平均数进行多重比较。当处理效应为随机效应时，进行方差分量的估计。

方差分析是生物领域中应用最为广泛的统计方法之一，在科学研究和生产实践中有着极重要的用途。

5.1 方差分析常用函数和包简介

5.1.1 aov()函数

在 R 中，lm()函数和 aov()函数都可以对数据进行方差分析，本章主要介绍 aov()函数，其一般的使用格式为：

```
aov(formula, data = NULL, projections = FALSE, qr = TRUE,
    contrasts = NULL, ...)
```

formula：为表达式，定义方差分析的模型，其主要内容为：

(1) ～为分隔符号，左边为因变量，右边为自变量，例如某试验有 A 和 B 两个试验因素，指标变量用 y 表示，则表达式 y～A+B 表示分析 A 和 B 因素主效，不计算互作效应；

(2) +用于区分自变量；

(3) :表示交互作用项,例如求取 A 和 B 的主效和交互作用效应,则可以使用表达式:y~A+B+A:B;

(4) *表示所有可能的交互作用效应,如代码 y~A*B*C 与代码 y~A+B+A:B+C+A:C+B:C+A:B:C 等效;

(5) ^表示交互作用达到的层级,如代码 y~(A+B+C)^2 表示 y~y~A+B+A:B+C+A:C+B:C;

(6) .表示包含除因变量外的所有变量,例如若一个数据框中包含变量 y、A、B 和 C,则代码 y~.表示 y~A+B+C。

data:为一个数据框;

projections:设置是否返回预测结果;

qr:设置是否返回 QR 分解结果;

contrasts:为公式中一些因子的列表。

5.1.2 TukeyHSD()函数

若 F 测验接受 H_0,说明处理间无显著差异,没有必要继续分析。若 F 测验否定 H_0,表明 k 个处理平均数间存在显著差异。这时,虽然至少有两个处理平均数间存在显著差异,但是并不清楚哪些平均数间有显著差异,哪些平均数间无显著差异。为了进一步弄清平均数间的差异显著性,有必要进行 k 个平均数间的两两比较,这在统计学上称为多重比较(multiple comparison)。Tukey 以学生化极差为理论根据,提出了专门用于两两比较的真实显著差数检验法(honestly significant difference,简称 HSD 法)。

在 R 中,可通过 TukeyHSD()函数进行多重比较,其一般使用格式为:

```
TukeyHSD(x, which, ordered = FALSE, conf.level = 0.95,...)
```

x:为方差分析的对象;

which:需要计算比较区间的因子向量;

ordered:逻辑参数,如果为 TRUE,则按因子的水平递增排序,从而使得因子间差异均以正值出现;

conf.level:置信区间水平,默认为 95%的置信区间。

5.1.3 agricolae 包

agricolae 是一个专门针对农业领域的统计分析开发的 R 包,全称为 Statistical Procedures for Agricultural Research。其功能包括随机区组、完全随机、多因素随机、增广、拉丁方、格子方、alpha－lattice 等试验的设计及相应试验的统计分析,多重比较,混合线性分析,通径分析,聚类分析,AMMI 模型分析等。在 R 语言中可利用 agricolae 包中的 LSD.test、duncan.test、HSD.test、SNK.test 实现多种不同方法的多重比较,并用字母展示多重比较结果。本节主要介绍 LSD.test()函数,该函数可以实现保护性最小显著差数法(protected least significant difference,简称 LSD 法)。

该法是具有保护意义的 t 测验方法。其做法是:若处理平均数间的 F 测验差异不显著，则不进行多重比较；若处理平均数间的 F 测验差异显著，计算出显著水平 α 下的最小显著差数。

$$LSD_{\alpha}=t_{\alpha,df_e}s_{\bar{y}i.-\bar{y}j.}$$

其中，t_{α,df_e} 是在自由度为 df_e 和显著水平为 α 条件下的两尾临界，$s_{\bar{y}i.-\bar{y}j.}$ 是处理平均数差数标准误。

$$s_{\bar{y}i.-\bar{y}j.}=\sqrt{2MS_e/n}$$

这里，MS_e 是方差分析中的误差均方。将任意两个处理平均数差数的绝对值 $|\bar{y}_{i.}-\bar{y}_{j.}|$ 与 LSD_{α} 比较。若 $|\bar{y}_{i.}-\bar{y}_{j.}|>LSD_{\alpha}$，则 $\bar{y}_{i.}$ 与 $\bar{y}_{j.}$ 在 α 水平上差异显著；反之，在 α 水平上差异不显著。

LSD.test( )函数的一般使用格式为：

```
LSD.test(y, trt, DFerror, MSerror, alpha = 0.05, p.adj = c("none","holm","hommel",
"hochberg", "bonferroni", "BH", "BY", "fdr"), group = TRUE, ...
```

y：指方差分析对象；

trt：进行多重比较的分组变量；

DFerror：试验误差的自由度；

MSerror：试验误差的均方；

alpha：显著水平，默认为 0.05；

p.adj：可以选定 P 值矫正方法，当 p.adj 为 none 时，为 LSD 法；

group：逻辑变量，缺省值为 TRUE，若为 TRUE，则将展示多重比较的分组结果，若为 FALSE，则不显示。

5.2 单因素试验资料的方差分析

当在试验中考虑的因素只有一个时，则称该试验为单因素试验。单因素试验资料也被称为单向分组资料。该类试验假设有 k 个独立样本，每样本皆有 n 个观察值，该资料就叫作具有 kn 个观察值的单向分组资料，其数据模式见表 5－1 所示。

表 5－1　kn 个观察值的单向分组资料的模式

样本(处理)号	观察值 Y_{ij}			
样本(处理)1(Y_{1j})	Y_{11}	Y_{12}	…	Y_{1n}
样本(处理)2(Y_{2j})	Y_{21}	Y_{22}	…	Y_{2n}
⋮	⋮	⋮	⋮	⋮
样本(处理)k(Y_{kj})	Y_{k1}	Y_{k2}	…	Y_{kn}

方差分析采用的方法为 F 测验。设总变异的平方和为 SS_T，其由两部分组成，一部

分是样本(处理)间的平方和 SS_t，另一部分为随机误差平方和(或样本内平方和) SS_e，于是有 $SS_T = SS_t + SS_e$。

其中，$SS_t = n\sum_{i=1}^{k}(\bar{y}_{i.} - \bar{y}_{..})^2$，$SS_e = \sum_{i=1}^{k}\sum_{j=1}^{n}(Y_{ij} - \bar{y}_{i.})^2$。

根据平方和可以获得样本间和样本内的方差(均方)，分别为：

$$MS_t = \frac{SS_t}{df_t}, MS_e = \frac{SS_e}{df_e}$$

其中 df_t 和 df_e 分别为样本间和样本内的自由度，分别为 $(k-1)$ 和 $k(n-1)$，则根据样本间和样本内的方差可以获得 F 统计数，计算方法为：

$$F = \frac{MS_t}{MS_e}$$

如果样本平均数间的变异并不显著大于样本内(随机误差的变异)，则 F 测验不会给出显著的值(这时 F 的期望值是 1)；反之，将给出显著的值。

例 5-1 做一水稻施肥的盆栽试验，设 5 个处理：A 和 B 分别施用两种不同工艺流程的氨水，C 施碳酸氢铵，D 施尿素，E 不施氮肥。每个处理 4 盆(施肥处理的施肥量每盆皆为折合纯氮 1.2 克)，共 5×4=20 盆，随机放置于同一网室中。其稻谷产量(克/盆)列于表 5-2，试测验各处理平均数的差异显著性。

表 5-2 水稻施肥盆栽试验的产量结果

处理	观察值			
A(氨水 1)	24	30	28	26
B(氨水 2)	27	24	21	26
C(碳酸氢铵)	31	28	25	30
D(尿素)	32	33	33	28
E(不施)	21	22	16	21

	A	B
1	y	trt
2	24	A
3	27	B
4	31	C
5	32	D
6	21	E
7	30	A
8	24	B
9	28	C
10	33	D
11	22	E

	A	B
12	28	A
13	21	B
14	25	C
15	33	D
16	16	E
17	26	A
18	26	B
19	30	C
20	28	D
21	21	E
22		

图 5-1 例 5-1 的数据录入格式

代码 5-1 单因素试验资料的方差分析。

```
>setwd("H:/R_language/Rstudy")#设置目标路径
> example5_1 <- read.csv("Example5_1.csv", header = TRUE)
> fit <- aov(y~trt, data = example5_1)
> summary(fit)

             Df Sum Sq Mean Sq F value   Pr(>F)
trt           4    301    75.3    11.2  0.00021 ***
Residuals    15    101     6.7
---
Signif. codes:  0 '***' 0.001 '**' 0.01 '*' 0.05 '.' 0.1 ' ' 1
> library(agricolae)
> mc_e5_1 <- LSD.test(fit,"trt")
> mc_e5_1
$statistics
  MSerror Df Mean     CV t.value    LSD
   6.7333 15 26.3 9.8664  2.1314 3.9109

$parameters
        test p.ajusted name.t ntr alpha
  Fisher-LSD      none    trt   5  0.05

$means
     y    std r    LCL    UCL Min Max   Q25  Q50   Q75
A 27.0 2.5820 4 24.235 29.765  24  30 25.50 27.0 28.50
B 24.5 2.6458 4 21.735 27.265  21  27 23.25 25.0 26.25
C 28.5 2.6458 4 25.735 31.265  25  31 27.25 29.0 30.25
D 31.5 2.3805 4 28.735 34.265  28  33 31.00 32.5 33.00
E 20.0 2.7080 4 17.235 22.765  16  22 19.75 21.0 21.25

$comparison
NULL

$groups
     y groups
D 31.5      a
C 28.5     ab
A 27.0     bc
B 24.5      c
E 20.0      d
```

```
attr(,"class")
[1] "group"
> plot(mc_e5_1) #绘制多重比较结果图
```

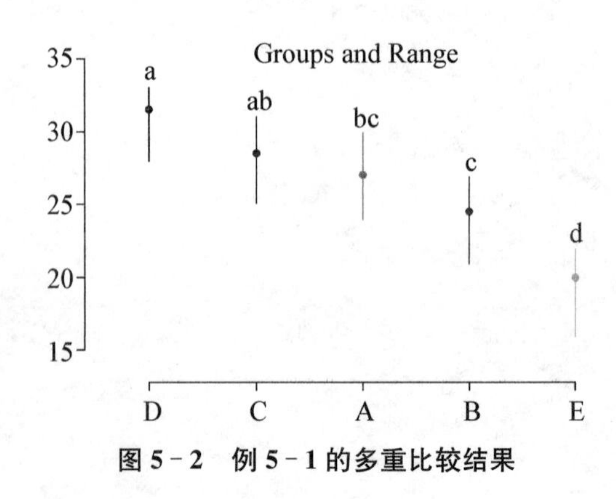

图 5-2　例 5-1 的多重比较结果

首先利用 aov()函数进行方差分析，summary()函数可展示方差分析结果，结果包括变异来源、自由度(*Df*)、平方和(Sum *Sq*)、均方(Mean *Sq*)、*F* 值(*F* Value)及概率(*Pr*)。变异来源包括处理间变异和误差，从结果中可以得知，处理间的自由度为 4，平方和为 301，均方为 75.3，误差的自由度为 15，平方和为 101，均方为 6.7，5 个处理间水稻产量有极显著差异($F=11.2$, $p<0.01$)，* 表示在 0.05 的水平上显著，** 表示在 0.01 的水平上显著，*** 表示在 0.001 的水平上显著。此例中，处理间存在极显著差异，故需进行多重比较，利用 agricolae 包中的 LSD.test()函数实现 LSD 法多重比较。$statistics 返回多重比较的统计量，包括误差均方、自由度、*t* 值等；$parameters 返回多重比较的相应参数值，包括测验方法、矫正类型、处理的名称、数量和显著水平 α；$means 返回各处理的均值、标准差、样本容量、置信上限和置信下限、最小值、最大值和四分位数；$group 返回多重比较的字母法标注结果，字母标注中有相同字母表明处理间差异不显著，不同字母表示处理间差异显著。plot()函数实现多重比较结果的可视化，如图 5-2 所示。结果表明，处理 D (施尿素)产量最高(31.5)，显著高于处理 A，B，E，但与处理 C 差异不显著，处理 E 产量最低(20.0)，显著低于其他 4 个处理，因此，处理 D 效果最好，其次为 C。

5.3　两向分组资料的方差分析

若试验资料分 k 行 n 列，则该资料为具 kn 个观察值的两向分组资料，或称交叉分组资料，或称二因素无重复试验资料。

例 5-2　将一种生长激素配成 M_1，M_2，M_3，M_4，M_5 五种浓度，并用 H_1，H_2，H_3 三种时间浸渍某大豆品种的种子，45 天后得各处理每一植株的平均干物重(克)列于表 5-3。试做方差分析并进行多重比较。

表 5-3　某激素对大豆干重的影响

M_i	H_j		
	H_1	H_2	H_3
M_1	13	14	14
M_2	12	12	13
M_3	3	3	3
M_4	10	9	10
M_5	2	5	4

	A	B	C
1	weight	conc	time
2	13	m1	h1
3	12	m2	h1
4	3	m3	h1
5	10	m4	h1
6	2	m5	h1
7	14	m1	h2
8	12	m2	h2
9	3	m3	h2
10	9	m4	h2
11	5	m5	h2
12	14	m1	h3
13	13	m2	h3
14	3	m3	h3
15	10	m4	h3
16	4	m5	h3

图 5-3　例 5-2 的数据录入格式

代码 5-2　两向分组资料的方差分析。

```
> example5_2 <- read.csv("Example5_2.csv", header = TRUE, sep = ",")
> fit <- aov(weight~conc + time, data = example5_2)
> summary(fit)
            Df Sum Sq Mean Sq F value  Pr(>F)
conc         4  289.1    72.3  117.19 3.9e-07 ***
time         2    1.7     0.9    1.41     0.3
Residuals    8    4.9     0.6
---
Signif. codes:  0 '***' 0.001 '**' 0.01 '*' 0.05 '.' 0.1 ' ' 1
> library(agricolae)
```

```
> mc_e5_2 <- LSD.test(fit,"conc")
> mc_e5_2$groups
     weight groups
m1 13.6667      a
m2 12.3333      a
m4  9.6667      b
m5  3.6667      c
m3  3.0000      c

> plot(mc_e5_2)
```

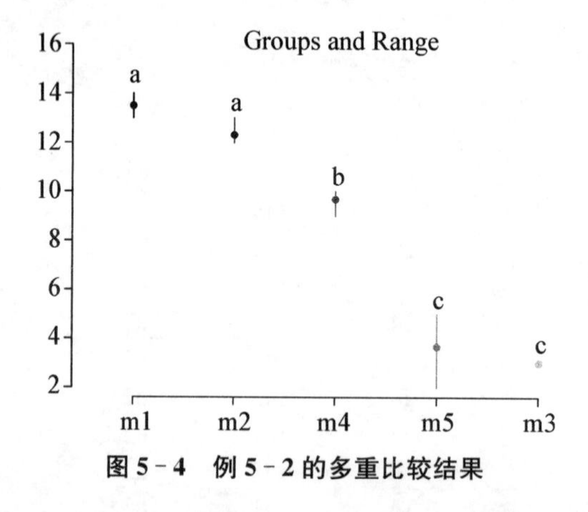

图 5-4　例 5-2 的多重比较结果

此例中，变异来源包括浓度、时间和误差，从结果中可以得知，浓度(m)间的 F 测验为极显著($F=117.19, p>0.05$)，时间(h)间为不显著($F=1.41, p>0.05$)。故需要对浓度进行多重比较，调用 LSD.test()函数进行多重比较，$groups 返回多重比较的字母法标注结果，可视化结果如图 5-4 所示，5 种浓度间多重比较表明：m1 浸种干物重最大，但与 m2 差异不显著，所以 m1 和 m2 是较好的浓度处理。

5.4　二因素完全随机化试验资料的方差分析

该类试验资料又被称为有重复观察值的两向分组试验资料，该类资料设有 A、B 两个试验因素，A 因素有 a 个水平，B 因素有 b 个水平，共有 ab 个处理组合，每一组合有 n 个观察值，则该资料有 abn 个观察值。

例 5-3　施用 A_1、A_2、A_3 3 种肥料于 B_1、B_2、B_3 3 种土壤，以小麦为指示作物，每一个处理组合种 3 盆，得产量结果(g)于表 5-4。试做方差分析。(见盖钧镒主编《试验统计方法》122 页例 6-14)

表 5－4　二因素有重复观察值数据资料

肥料种类(A)	土壤种类(B)		
	B_1(油砂)	B_2(二合)	B_3(白僵)
A_1	21.4	19.6	17.6
	21.2	18.8	16.6
	20.1	16.4	17.5
A_2	12.0	13.0	13.3
	14.2	13.7	14.0
	12.1	12.0	13.9
A_3	12.8	14.2	12.0
	13.8	13.6	14.6
	13.7	13.3	14.0

	A	B	C
1	yield	fert	soil
2	21.4	A1	B1
3	21.2	A1	B1
4	20.1	A1	B1
5	12	A2	B1
6	14.2	A2	B1
7	12.1	A2	B1
8	12.8	A3	B1
9	13.8	A3	B1
10	13.7	A3	B1
11	19.6	A1	B2
12	18.8	A1	B2
13	16.4	A1	B2
14	13	A2	B2

	A	B	C
15	13.7	A2	B2
16	12	A2	B2
17	14.2	A3	B2
18	13.6	A3	B2
19	13.3	A3	B2
20	17.6	A1	B3
21	16.6	A1	B3
22	17.5	A1	B3
23	13.3	A2	B3
24	14	A2	B3
25	13.9	A2	B3
26	12	A3	B3
27	14.6	A3	B3
28	14	A3	B3

图 5－5　例 5－3 的数据录入格式

代码 5－3　二因素完全随机化试验资料的方差分析。

```
>example5_3 <- read.csv("Example5_3.csv", header = TRUE)
>fit <- aov(yield~fert + soil + fert * soil, data = example5_3)
>summary(fit)
            Df Sum Sq Mean Sq F value  Pr(>F)
fert         2  179.4    89.7   96.67  2.4e-10 ***
soil         2    4.0     2.0    2.13   0.1473
fert:soil    4   19.2     4.8    5.18   0.0059 **
Residuals   18   16.7     0.9
```

```
---
Signif. codes:  0 '***' 0.001 '**' 0.01 '*' 0.05 '.' 0.1 ' ' 1
> library(agricolae)
> mc_fert <- LSD.test(fit,"fert")
> mc_fert $groups
        yield groups
A1 18.80000      a
A3 13.55556      b
A2 13.13333      b
```

此例中，变异来源分解为肥料间变异、土壤间变异、肥料与土壤间互作、试验误差。根据代码 5-3 的计算结果可知，肥料(fert)间的 F 测验为极显著($F=96.67, p<0.01$)，土壤(soil)间为不显著($F=2.135, p=0.147>0.05$)。肥料与土壤间存在极显著的互作效应(fert:soil, $F=5.18, p<0.01$)。表明肥料种类对小麦产量有极显著影响，土壤种类对小麦产量没有显著影响，肥料与土壤间的互作效应对小麦产量也有极显著影响。采用 LSD 法进行多重比较分析，结果显示了 3 种肥料处理下的平均小麦产量以及 3 种土壤下的平均小麦产量，其中 A_1 肥料处理下的平均小麦产量最高，为 18.8，且与 A_2、A_3 肥料处理下的平均小麦产量间存在显著差异。

5.5 二因素随机区组试验资料的方差分析

设试验有 A 和 B 两个因素，A 因素有 a 个水平，B 因素有 b 个水平，随机区组设计，n 次重复，共有 ab 个处理组合，该试验共有 abn 个观察值。总变异可分解为处理间变异、区组变异与试验误差，而处理间变异又可分解为 A 因素变异、B 因素变异和 A×B 互作 3 部分。

例 5-4 将水稻的 3 个不同细胞质源的不育系(A_1、A_2、A_3)和 5 个恢复系(B_1、B_2、B_3、B_4、B_5)杂交，配成 15 个 F_1。采用随机区组设计，重复 2 次，小区计产面积 6m^2。得结果见表 5-5。试对该资料进行方差分析和多重比较。

表 5-5 二因素随机区组试验资料

处理		区组	
		Ⅰ	Ⅱ
A_1	B_1	4.3	4.1
	B_2	4.9	4.8
	B_3	3.9	3.6
	B_4	4.8	4.0
	B_5	4.7	4.5

续　表

处理		区组	
		Ⅰ	Ⅱ
A_2	B_1	5.2	4.7
	B_2	5.0	5.2
	B_3	3.8	3.4
	B_4	4.9	4.8
	B_5	5.0	5.8
A_3	B_1	4.6	4.7
	B_2	4.4	4.2
	B_3	3.5	3.4
	B_4	3.4	3.6
	B_5	3.7	4.2

	A	B	C	D
1	block	stline	reline	yield
2	R1	A1	B1	4.3
3	R2	A1	B1	4.1
4	R1	A2	B1	5.2
5	R2	A2	B1	4.7
6	R1	A3	B1	4.6
7	R2	A3	B1	4.7
8	R1	A1	B2	4.9
9	R2	A1	B2	4.8
10	R1	A2	B2	5
11	R2	A2	B2	5.2
12	R1	A3	B2	4.4
13	R2	A3	B2	4.2
14	R1	A1	B3	3.9
15	R2	A1	B3	3.6
16	R1	A2	B3	3.8

	A	B	C	D
17	R2	A2	B3	3.4
18	R1	A3	B3	3.5
19	R2	A3	B3	3.4
20	R1	A1	B4	4.8
21	R2	A1	B4	4
22	R1	A2	B4	4.9
23	R2	A2	B4	4.8
24	R1	A3	B4	3.4
25	R2	A3	B4	3.6
26	R1	A1	B5	4.7
27	R2	A1	B5	4.5
28	R1	A2	B5	5
29	R2	A2	B5	5.8
30	R1	A3	B5	3.7
31	R2	A3	B5	4.2
32				

图 5－6　例 5－4 的数据录入格式

代码 5－4　二因素随机区组试验资料的方差分析。

```
> example5_4 <- read.csv("Example5_4.csv", header = TRUE, sep = ",")
> fit <- aov(yield~block + stline + reline + stline:reline, example5_4)
> summary(fit)
              Df  Sum Sq Mean Sq F value   Pr(>F)
block          1   0.04   0.040    0.52    0.484
stline         2   3.28   1.641   20.99   6.1e-05 ***
```

```
reline          4   5.30   1.324    16.94    2.9e-05 ***
stline:reline     8   2.05   0.256     3.27     0.0253 *
Residuals       14   1.09   0.078
---
Signif. codes:  0 '***' 0.001 '**' 0.01 '*' 0.05 '.' 0.1 ' ' 1
>library(agricolae)
>mc_stline <- LSD.test(fit,"stline")
>mc_stline$groups
$groups
    yield groups
A2   4.78      a
A1   4.36      b
A3   3.97      c

>mc_retline <- LSD.test(fit,"reline")
>mc_retline$groups
    yield groups
B2   4.75      a
B5   4.65      a
B1   4.60      a
B4   4.25      b
B3   3.60      c
```

此例中变异来源分解为区组变异、不育系间变异、恢复系间变异、不育系与恢复系互作、试验误差。根据代码 5-4 的计算结果可知，区组间(block)差异不显著($F=0.52, p=0.484$)，不育系(stline)间的 F 测验为极显著($F=20.99, p<0.01$)，恢复系(reline)间的 F 测验为极显著($F=16.94, p<0.01$)；不育系和恢复系间存在显著的互作效应(stline：reline，$F=3.27, p<0.05$)，表明不育系和恢复系均对于水稻产量具有极显著影响，不育系与恢复系的互作也对于水稻产量具有显著影响。LSD 法多重比较分析结果表明 A_2 不育系的各杂交种的平均产量最高，并与 A_1、A_3 不育系有显著的差异。有 B_2 恢复系参加的各杂交种的平均产量最高，但与 B_5、B_1 恢复系无显著差异。

5.6 系统分组试验资料的方差分析

如果试验资料分若干个组，每个组又分若干个亚组，每个亚组又分若干个小亚组，每个小亚组又分若干个小小亚组，如此一直下去，直至最后每一个小小亚组具有若干个观察值，这种资料叫作系统分组资料。系统分组资料像一棵倒着的“树”，越向前分，枝杈越多，而观察值则是这棵“树”的“叶片”。

最简单的系统分组资料是二级系统分组资料，它具有 l 个组，每个组具有 m 个亚组，

每个亚组具有 n 个观察值，共有 lmn 个观察值。

例 5-5　研究 A、B、C 和 D 这四种水生蔬菜对砷污染的“抗性”，每种蔬菜种 3 盆，每盆 5 个植株。生长期间施用一次有机砷农药，在收获时对每一植株的砷含量做一次分析，得表 5-6 的结果。试分析 4 种供试蔬菜对砷污染抗性的差异显著性。（见莫惠栋著《农业试验统计（第二版）》183 页例 8-10）

表 5-6　例 5-5 中数据

品种	盆号	砷含量				
A	1	0.7	0.6	0.9	0.5	0.6
	2	0.9	0.9	0.7	1.1	0.7
	3	0.8	0.6	0.9	1	0.8
B	4	1.2	1.4	1.6	1.2	1.5
	5	1.1	0.9	1.3	1.2	1
	6	1.5	1.4	0.9	1.3	1.6
C	7	0.6	0.6	0.8	0.9	0.7
	8	0.5	0.8	0.9	1	0.6
	9	0.6	1.2	0.8	0.9	1
D	10	4.2	3.7	2.9	3.5	3.6
	11	2.9	3.5	3.8	3.1	3.5
	12	3.6	3.5	4	3.3	3.7

	A	B	C
1	cult	pot	res
2	c1	p1	0.7
3	c1	p1	0.6
4	c1	p1	0.9
5	c1	p1	0.5
6	c1	p1	0.6
7	c1	p2	0.9
8	c1	p2	0.9
9	c1	p2	0.7
10	c1	p2	1.1
11	c1	p2	0.7
12	c1	p3	0.8
13	c1	p3	0.6
14	c1	p3	0.9
15	c1	p3	1
16	c1	p3	0.8
17	c2	p4	1.2
18	c2	p4	1.4
19	c2	p4	1.6
20	c2	p4	1.2
21	c2	p4	1.5
22	c2	p5	1.1
23	c2	p5	0.9
24	c2	p5	1.3
25	c2	p5	1.2
26	c2	p5	1
27	c2	p6	1.5
28	c2	p6	1.4
29	c2	p6	0.9
30	c2	p6	1.3
31	c2	p6	1.6
32	c3	p7	0.6
33	c3	p7	0.6
34	c3	p7	0.8
35	c3	p7	0.9
36	c3	p7	0.7
37	c3	p8	0.5
38	c3	p8	0.8
39	c3	p8	0.9
40	c3	p8	1
41	c3	p8	0.6
42	c3	p9	0.6
43	c3	p9	1.2
44	c3	p9	0.8
45	c3	p9	0.9
46	c3	p9	1
47	c4	p10	4.2
48	c4	p10	3.7
49	c4	p10	2.9
50	c4	p10	3.5
51	c4	p10	3.6
52	c4	p11	2.9
53	c4	p11	3.5
54	c4	p11	3.8
55	c4	p11	3.1
56	c4	p11	3.5
57	c4	p12	3.6
58	c4	p12	3.5
59	c4	p12	4
60	c4	p12	3.3
61	c4	p12	3.7
62			
63			

图 5-7　例 5-5 的数据录入格式

代码 5－5　二级系统分组资料的方差分析。

```
> example5_5 <- read.csv("Example5_5.csv", header = TRUE)
> fit1 <- aov(res~cult + pot, example5_5)
> summary(fit1)
            Df Sum Sq Mean Sq F value Pr(>F)
cult         3  76.74  25.580 423.389 <2e-16 ***
pot          8   0.63   0.078   1.297  0.268
Residuals   48   2.90   0.060
---
Signif. codes:  0 '***' 0.001 '**' 0.01 '*' 0.05 '.' 0.1 ' ' 1
> fit2 <- aov(res~cult, example5_5)
> summary(fit2)
            Df Sum Sq Mean Sq F value Pr(>F)
cult         3  76.74  25.580   406.2 <2e-16 ***
Residuals   56   3.53   0.063
---
Signif. codes:
0 '***' 0.001 '**' 0.01 '*' 0.05 '.' 0.1 ' ' 1
> library(agricolae)
> mc_e5_5 <- LSD.test(fit2,"cult",MSerror = 0.063)
> mc_e5_5$groups
$groups
         res groups
c4 3.5200000      a
c2 1.2733333      b
c3 0.7933333      c
c1 0.7800000      c
```

此例中，首先将变异分解为品种间和品种内不同盆间，根据代码 5－5 的计算结果可知，品种内不同盆间(pot)差异不显著($F=1.297$，$p=0.268$)，因而处理内盆间差异的测验可以用处理内盆间的试验误差的合并均方作为被比量，结果达到极显著($F=406.2$，$p<0.01$)，此处进行多重比较时，MSerror 需设为 0.063。当处理内盆间差异显著时，只能用处理内盆间的均方作为误差项均方进行测验。LSD 法多重比较结果表明品种 A 和 C 对有机砷的“抗性”最强，其在体内积累的砷含量最低，且与品种 B 和 D 有显著的差异。

5.7　品种区域试验资料的方差分析

新育成的品种或品系，在推广大面积生产之前，必须经过区域化试验。区域化试验中需要研究的主要因素有：

（1）品种效应：这是供试品种的产量和品质等的主效，属固定型；

（2）地点效应：这是地点间的土壤类型、耕作制度、管理方法等可以预知的环境差异的效应，一般亦属固定型；

（3）年份效应：这是不同年份的温度、雨量、日照天数、偶然性灾害等难以预知的环境差异的效应，一般属于随机型；

（4）品种×地点互作：这是品种对于可预知的环境差异是否具有特殊的适应性，一般属于固定型；

（5）品种×年份：这是品种对于难以预知的环境差异是否有特殊的适应性，一般属于随机型；

（6）品种×地点×年份互作：这是品种×地点的互作是否随难以预知的环境差异而有不同，一般属随机型。

广为应用的品种必须具有品种主效大而互作小，这种品种在可预知或难以预知的环境变异下，能通过其本身基因系统的调节，在较高水平上保持相对稳定。互作大的品种则只能供特定地区或特定气候条件下利用，不能广泛应用。

在 R 中，agricolae 包中的 AMMI() 函数可对品种区域试验资料进行方差分析，通过从加性模型的残差中分离模型误差和干扰，提高估计的准确度，并且借助于双标图可以更直观地描述和分析基因型与环境互作模式，其一般的使用格式为：

```
AMMI(ENV, GEN, REP, Y, MSE = 0, console = FALSE, PC = FALSE)
```

ENV：指定环境效应变量；

GEN：指定基因型变量；

REP：指定重复（区组）变量；

Y：指定响应变量或指标变量；

MSE：均方误差；

console：逻辑变量，缺省值为 FALSE，若为 TRUE 则将展示全部分析结果，若为 FALSE 则不显示；

PC：逻辑变量，缺省值为 FALSE，若为 TRUE 则将显示主成分分析，若为 FALSE 则不显示。

例 5-6 表 5-7 为对 5 个玉米品种在 4 个试验地点进行品种区域试验的产量结果，试对该结果进行方差分析。（见莫惠栋著《农业试验统计（第二版）》272 页例 9-7）

表 5-7 例 5-6 中的数据

品种	地点							
	1		2		3		4	
	区组Ⅰ	区组Ⅱ	区组Ⅰ	区组Ⅱ	区组Ⅰ	区组Ⅱ	区组Ⅰ	区组Ⅱ
1	6	7	7	8	10	12	5	6
2	9	8	9	9	9	10	8	9
3	7	8	3	4	4	2	5	4

续 表

品种	地点							
	1		2		3		4	
	区组Ⅰ	区组Ⅱ	区组Ⅰ	区组Ⅱ	区组Ⅰ	区组Ⅱ	区组Ⅰ	区组Ⅱ
4	14	14	20	18	13	14	15	15
5	8	6	9	5	8	8	7	6

	A	B	C	D
1	y	g	e	r
2	6	v1	u1	r1
3	9	v2	u1	r1
4	7	v3	u1	r1
5	14	v4	u1	r1
6	8	v5	u1	r1
7	7	v1	u1	r2
8	8	v2	u1	r2
9	8	v3	u1	r2
10	14	v4	u1	r2
11	6	v5	u1	r2
12	7	v1	u2	r1
13	9	v2	u2	r1
14	3	v3	u2	r1
15	20	v4	u2	r1
16	9	v5	u2	r1
17	8	v1	u2	r2
18	9	v2	u2	r2
19	4	v3	u2	r2
20	18	v4	u2	r2
21	5	v5	u2	r2

	A	B	C	D
22	10	v1	u3	r1
23	9	v2	u3	r1
24	4	v3	u3	r1
25	13	v4	u3	r1
26	8	v5	u3	r1
27	12	v1	u3	r2
28	10	v2	u3	r2
29	2	v3	u3	r2
30	14	v4	u3	r2
31	8	v5	u3	r2
32	5	v1	u4	r1
33	8	v2	u4	r1
34	5	v3	u4	r1
35	15	v4	u4	r1
36	7	v5	u4	r1
37	6	v1	u4	r2
38	9	v2	u4	r2
39	4	v3	u4	r2
40	15	v4	u4	r2
41	6	v5	u4	r2
42				

图 5-8　例 5-6 的数据录入格式

代码 5-6　品种区域试验资料的方差分析。

```
>example5_6 <- read.csv("Example5_6.csv", header = TRUE, sep = ",")
>model <- agricolae::AMMI(example5_6$e, example5_6$g, example5_6$r, example5_6$y, PC =
TRUE)
>model $ANOVA
Analysis of Variance Table

Response: Y
          Df Sum Sq Mean Sq F value  Pr(>F)
ENV        3      8     2.8    5.25 0.07142 .
REP(ENV)   4      2     0.5    0.43 0.78283
```

```
GEN          4      519     129.7    106.93 2.5e-11  ***
ENV:GEN     12       92       7.6      6.30 0.00048  ***
Residuals 16       19       1.2
---
Signif. codes:  0 '***' 0.001 '**' 0.01 '*' 0.05 '.' 0.1 ' ' 1
>model $analysis#主成分分析结果
      percent  acum Df   Sum.Sq   Mean.Sq F.value    Pr.F
PC1      53.4  53.4  6 48.8721  8.14535     6.72 0.0011
PC2      45.0  98.4  4 41.2504 10.31259     8.51 0.0007
PC3       1.6 100.0  2  1.4775  0.73876     0.61 0.5555
>plot(model,0,1) #plot PC1 vs Yield
>plot(model) # biplot PC2 vs PC1
```

此例中，利用 agricolae 包中的 AMMI 函数进行品种区域试验资料的方差分析，调用 model $ANOVA 可展示方差分析结果，结果显示品种主效差异极显著（$F=106.93$，$p<0.01$），品种×地点互作极显著（$F=6.30$，$p<0.01$），但地点主效不显著（$F=5.25$，$p=0.071\ 42$）。这表明试验中含有增、减产极显著的品种，而其增、减产程度又是随地点而有异的，但地点却不存在使所有品种都显著增产或减产的效应。model $analysis 显示互作效应主成分分析结果，PC1 和 PC2 达到显著水平，分别占互作效应的 53.4%、45.0%，共解释了 98.4%的互作效应平方和。

根据方差分析和主成分分析结果，以平均产量为横轴，PC1 为纵轴绘制 AMMI 双标图，如图 5-9 所示，以 PC1 值为 0 作一条水平线，以所有品种产量的平均值作垂线，将图表划分为 4 个区域。对供试品种而言，在水平方向上横坐标值越大，代表产量越高；在垂直方向上距水平线越近，则稳产性越好。结果显示，丰产性最高的品种是 $v4$，稳产性最高的品种是 $v2$。此外，以 PC1 为横轴，PC2 为纵轴绘制 AMMI 双标图，如图 5-10 所示，品种与地点越接近，说明品种在该地点适应性较好。由图可知 $v1$ 品种特别适应于 $u3$ 地，品种 $v3$ 和 $v4$ 则分别比较适应于 $u1$ 和 $u2$ 地，品种 $v2$ 和 $v5$ 则具有广谱适应性。

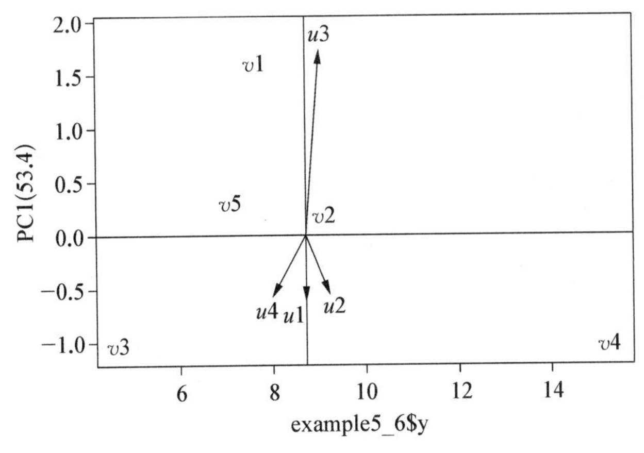

图 5-9　AMMI 模型双标图（第一主成分对产量）

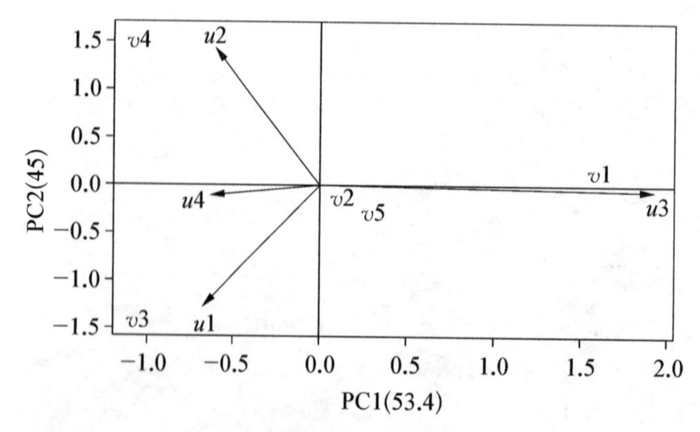

图 5-10　AMMI 模型双标图(第一主成分对第二主成分)

5.8　裂区试验资料的方差分析

裂区试验在处理因素对试验单元的大小或者对精确度有不同要求时应用。例如田间试验中的耕作处理往往需要较大的区才便于实施,而种子灭菌处理却只要较小的区,因而耕作和种子灭菌的二因素试验就可用裂区设计。设计这类试验时,首先将需要较大试验单元(这些单元叫主区)的处理随机地排入区组;然后将每一主区皆分成若干个亚试验单元(这些单元叫裂区),把各裂区处理随机地排入裂区处理数,应等于每一主区的亚试验单元数,以使每一主区中都包含一套裂区处理。

例 5-7　以 4 个山芋品种做翻蔓试验。品种编号为 A_1、A_2(短蔓种)、A_3、A_4(长蔓种),翻蔓次数编号为 B_1(不翻蔓)、B_2(翻蔓 3 次)、B_3(翻蔓 6 次)。以品种为主区因素、翻蔓为裂区因素,二裂式裂区设计,重复 3 次,裂区计产面积 40 平方米。其田间排列和裂区芋干产量(公斤)列于图 5-11,试进行方差分析。(见莫惠栋著《农业试验统计(第二版)》250 页例 9-6)

区组Ⅰ	A_3	A_2	A_4	A_1
	B_2　20	B_3　50	B_3　18	B_1　24
	B_1　18	B_1　24	B_2　22	B_3　20
	B_3　18	B_2　24	B_1　21	B_2　22

区组Ⅱ	A_2	A_3	A_1	A_4
	B_3　22	B_3　19	B_1　23	B_1　20
	B_2　22	B_1　20	B_3　21	B_2　19
	B_1　26	B_2　20	B_2　20	B_3　16

区组Ⅲ	A_1	A_4	A_3	A_2
	B_1　24	B_2　19	B_1　18	B_3　23
	B_2　24	B_1　22	B_3　18	B_2　22
	B_3　23	B_3　18	B_2　18	B_1　25

图 5-11　山芋二裂式试验的田间排列和产量

	A	B	C	D
1	block	A	B	yield
2	r1	a1	b1	24
3	r1	a1	b2	22
4	r1	a1	b3	20
5	r1	a2	b1	24
6	r1	a2	b2	24
7	r1	a2	b3	20
8	r1	a3	b1	18
9	r1	a3	b2	20
10	r1	a3	b3	18
11	r1	a4	b1	21
12	r1	a4	b2	22
13	r1	a4	b3	18
14	r2	a1	b1	23
15	r2	a1	b2	20
16	r2	a1	b3	21
17	r2	a2	b1	26
18	r2	a2	b2	22
19	r2	a2	b3	22

	A	B	C	D
20	r2	a3	b1	20
21	r2	a3	b2	20
22	r2	a3	b3	19
23	r2	a4	b1	20
24	r2	a4	b2	19
25	r2	a4	b3	16
26	r3	a1	b1	24
27	r3	a1	b2	24
28	r3	a1	b3	23
29	r3	a2	b1	25
30	r3	a2	b2	22
31	r3	a2	b3	23
32	r3	a3	b1	18
33	r3	a3	b2	18
34	r3	a3	b3	18
35	r3	a4	b1	22
36	r3	a4	b2	19
37	r3	a4	b3	18
38				

图 5－12　例 5－7 的数据录入格式

代码 5－7　裂区试验资料的方差分析。

```
> example5_7 <- read.csv("Example5_7.csv", header = TRUE)
> fit <- aov(yield~A*B+Error(block/A), example5_7) # Error 主要用于不同因素使用不同误差的情况,这里 A 是主区
> summary(fit)

Error: block
          Df Sum Sq Mean Sq F value Pr(>F)
Residuals  2    1.5    0.75

Error: block:A
          Df Sum Sq Mean Sq F value Pr(>F)
A          3  122.1    40.7    13.2 0.0047 **
Residuals  6   18.5     3.1
---
Signif. codes:  0 '***' 0.001 '**' 0.01 '*' 0.05 '.' 0.1 ' ' 1

Error: Within
```

```
              Df Sum Sq Mean Sq F value   Pr(>F)
B              2   35.2   17.58   14.55 0.00025 ***
A:B            6   14.2    2.36    1.95 0.13316
Residuals 16   19.3    1.21
---
Signif. codes:  0 '***' 0.001 '**' 0.01 '*' 0.05 '.' 0.1 ' ' 1
> mc_e5_7A <- with(example5_7, LSD.test(yield, A, DFerror = 6, MSerror = 3.08))
> mc_e5_7A $group
      yield groups
a2 23.11111      a
a1 22.33333      a
a4 19.44444      b
a3 18.77778      b

> mc_e5_7B <- with(example5_7, LSD.test(yield, B, DFerror = 16, MSerror = 1.208))
> mc_e5_7B $group
      yield groups
b1 22.08333      a
b2 21.00000      b
b3 19.66667      c
```

此例中，变异来源分解为区组、品种间差异、主区误差、翻蔓次数间差异、裂区误差。代码 5－7 的计算结果中，“Error：block”反映区组的方差分析结果；“Error：block：A”反映主区的方差分析结果，包括品种间差异和主区误差；“Error：Within”反映裂区的方差分析结果，包括翻蔓次数间差异和裂区误差。结果表明不同品种间山芋的产量存在极显著差异（$F=13.2, p<0.01$）；不同翻蔓次数间的山芋产量存在极显著差异（$F=14.55, p<0.01$）；品种和翻蔓次数之间不存在交互作用（$F=1.95, p=0.133\ 16$）。对品种进行多重比较时的误差方差采用主区误差的方差，而对翻蔓次数进行多重比较时的误差方差采用裂区误差项的方差。结果说明，品种 A_2 产量最高，但与 A_1 无显著差异。不翻蔓的芋干产量最高，翻蔓 3 次和翻蔓 6 次的芋干产量皆显著降低。

在进行裂区试验时，由于同一主区试验空间非处理因素的一致性通常要比不同主区更好，所以一般情况下品种×区组的方差要比误差项的方差大，如果品种×区组的方差不比误差项的方差大，则可以按照二因素随机区组试验资料进行处理。

5.9 协方差分析

在进行一般方差分析时，要求除研究的因素外，应该保证其他条件一致或者接近一致。然而在实际进行的试验中，很难对这一点进行控制，那么这时候就需要用到协方差分析。协方差分析是将回归分析与方差分析结合起来的一种统计分析方法，其主要功用是对试验误差进行统计控制。例如研究几种配合饲料对猪的增重效果，希望供试仔猪的初始体重都相同，这很难达到，仔猪的初始体重不同，将影响到猪的增重。这时若仔猪的初始重与增重之间存在线性回归关系，就可利用协方差分析将增重矫正为初始体重相同时的增重，消除初始体重对增重的影响。

协方差分析根据影响因素和变量的个数分为单因素协方差分析、多因素协方差分析和多协变量方差分析等；根据试验设计的方式分为完全随机设计协方差分析、随机区组设计方差分析和析因协方差分析等。我们仅采用实例对单因素协方差分析进行初步介绍。

R 语言中，HH 包中的函数 ancova()提供了协方差分析的计算，其一般的使用格式为：

```
ancova(formula, data.in = NULL, ...,x, groups)
```

formula：指定协方差分析的表达式；

data.in：是一个数据框，指定协方差分析的数据对象；

x：指定协方差中的协变量；

groups：是一个因子，在参数 formula 的条件项中没有 groups 时则需要指定。

此外，effects 包中的函数 effect()可以用于计算去除协变量效应后的各组均值，其一般的使用格式为：

```
effect(term, mod, ...)
```

term：指定引用的分析对象名称；

mod：指定拟合的模型。

例 5－8　为研究 A、B、C 三种肥料对于苹果的增产效果，选了 24 株同龄的苹果树，第一年记下各树的产量（X，公斤），第二年将每种肥料随机施于 8 株苹果上，再记下其产量（Y，公斤），得结果于表 5－8。试进行协方差分析。（见莫惠栋著《农业试验统计（第二版）》365 页例 11－1）

表 5－8　施用三种肥料前后的苹果产量

肥料	观察值(X_{ij},Y_{ij})								
A	X_{1j}	47	58	53	46	49	56	54	44
	Y_{1j}	54	66	63	51	56	66	61	50
B	X_{2j}	52	53	64	58	59	61	63	66
	Y_{2j}	54	53	67	62	62	63	64	69
C	X_{3j}	44	48	46	50	59	57	58	53
	Y_{3j}	52	58	54	61	70	64	68	66

	A	B	C
1	x	y	f
2	47	54	A
3	58	66	A
4	53	63	A
5	46	51	A
6	49	56	A
7	56	66	A
8	54	61	A
9	44	50	A
10	52	54	B
11	53	53	B
12	64	67	B
13	58	62	B

	A	B	C
14	59	62	B
15	61	63	B
16	63	64	B
17	66	69	B
18	44	52	C
19	48	58	C
20	46	54	C
21	50	61	C
22	59	70	C
23	57	64	C
24	48	69	C
25	53	66	C
26			

图 5－13　例 5－8 的数据录入格式

代码 5－8　协方差分析。

```
>example5_8 <- read.csv("Example5_8.csv", header = TRUE)
>library(HH)
>aggregate(example5_8$y, by = list(example5_8$f), FUN = mean)
  Group.1        x
1       A   58.375
2       B   61.750
3       C   61.750
>example5_8 [,3]<-as.factor(example5_8[,3])
>ancova(y~ x+f, data=example5_8)
Analysis of Variance Table
Response: y
           Df Sum Sq Mean Sq F value    Pr(>F)
x           1 482.83  482.83  57.643  2.59e-07 ***
f           2 241.27  120.64  14.402 0.0001336 ***
Residuals 20 167.52     8.38
---
Signif. codes:  0 '***' 0.001 '**' 0.01 '*' 0.05 '.' 0.1 ' ' 1
>library(effects)
>effect('f', ancova(y~ x+f, data=example5_8)) #获取去除协变量效应后的组均值(调整的组均值)
 f effect
f
       A        B        C
61.42772 55.37119 65.07609
```

此例中，利用 aggregate()函数获取 3 种肥料处理下苹果产量的均值，分别为 58.375，61.750，61.750，利用 ancova 函数进行协方差分析，结果显示，基础生产力（X）的测验达极显著水平（$F=57.643$，$p<0.01$），表明果树产量（Y）和前一年的基础生产力（X）显著相关。控制基础生产力肥料对果树产量有极显著影响（$F=14.402$，$p<0.01$）。此外，ancova 函数绘制了果树产量、基础生产力和肥料间的关系图，如图 5－14 所示，果树产量随着基础生产力增加而增加，其中肥料 C 组截距最大，B 组截距最小。利用 effects 包中的 effect()函数可以获取去除协变量效应后的组均值（调整的组均值），三个处理（A，B，C）的反应变量 Y 去除协变量效应后的矫正均值分别为 61.42.7，55.371，65.076。

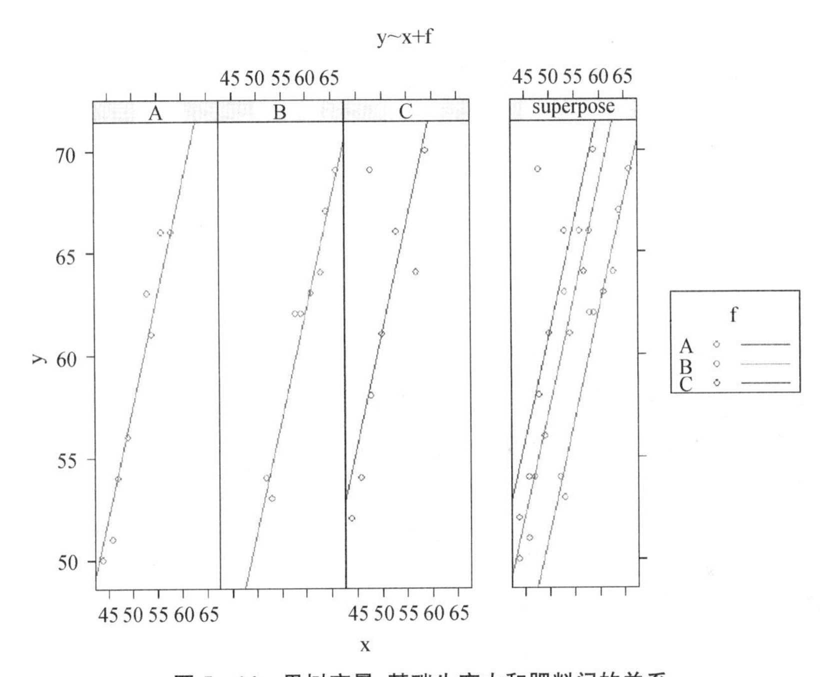

图 5－14　果树产量、基础生产力和肥料间的关系

练习题

5－1　一般而言，两个均数的假设测验和多个平均数的假设测验，应分别用什么统计方法进行？

5－2　有 6 个不同水稻品种的纹枯病接种鉴定试验，每品种 5 个重复，纹枯病病级调查如下表，进行方差分析并给出多重比较结果。

品种名称	观察值				
品种 1	8.2	9.0	7.8	8.0	9.0
品种 2	7.5	6.2	6.6	7.5	5.6
品种 3	6.8	5.3	5.8	5.4	6.3

续 表

品种名称	观察值				
品种4	4.9	4.7	5.8	5.1	4.6
品种5	6.5	5.4	6.3	6.7	6.3
品种6	3.6	3.9	4.0	3.2	3.4

5-3 将一种生长激素配成M_1、M_2、M_3、M_4四种浓度，处理P_1、P_2、P_3三种水稻种子，7天后得各处理水稻的发芽率(%)如下表。试做方差分析并进行多重比较。

M_i	P_j		
	P_1	P_2	P_3
M_1	89.3	94.2	91.1
M_2	92.1	96.1	93.5
M_3	94.7	97.3	95.9
M_4	96.8	95.7	96.2

5-4 在温室内以4种培养液培养某植物，每种培养液培养3盆，每盆4株，全试验共有12盆按完全随机排列，管理条件相同，30天后测定株高生长量(mm)，得结果列于下表，试做方差分析。

培养液(A)	盆号(B)	生长量/mm			
A_1	B_{11}	50	55	40	35
	B_{12}	35	35	30	40
	B_{13}	45	40	40	50
A_2	B_{21}	50	45	50	45
	B_{22}	55	60	50	50
	B_{23}	55	45	65	55
A_3	B_{31}	85	60	90	85
	B_{32}	65	70	80	65
	B_{33}	70	70	70	70
A_4	B_{41}	60	55	35	70
	B_{42}	60	85	45	75
	B_{43}	65	65	85	75

5-5 有一早稻二因素试验，A因素为品种，分A_1(早熟)、A_2(中熟)、A_3(迟熟)三

个水平，B 因素为密度，分 B_1(1.65 cm×6.6 cm)，B_2(1.65 cm×9.9 cm)、B_3(1.65 cm×13.2 cm)三个水平，随机区组试验设计，重复3次，得结果如下表，试进行方差分析。

品种	密度	区组Ⅰ	区组Ⅱ	区组Ⅲ
A_1	B_1	8	8	8
	B_2	7	7	6
	B_3	6	5	6
A_2	B_1	9	9	8
	B_2	7	9	6
	B_3	8	7	6
A_3	B_1	7	7	6
	B_2	8	7	8
	B_3	10	9	9

5-6　在温室内以4种培养液培养某作物，每种3盆，每盆5株，一个月后测定其株高生长量(mm)，得结果于下表，试做方差分析。

品种	盆号	生长量/mm				
A	1	50	35	45	55	35
	2	55	35	40	40	30
	3	40	30	40	35	40
B	4	50	55	55	45	60
	5	45	60	45	50	50
	6	50	50	65	45	50
C	7	85	65	70	60	70
	8	60	70	70	90	80
	9	90	80	70	85	65
D	10	60	60	65	55	85
	11	55	85	65	35	45
	12	35	45	85	70	75

5-7　设一个水稻品种区域试验，包括对照种在内共有5个供试品种，在4个地点进行试验，每点每次试验均统一采用相同小区面积重复3次的随机区组设计，得产量(kg/33 m^2)数据结果列于下表，试做方差分析。

试点	品种	区组		
		Ⅰ	Ⅱ	Ⅲ
甲	A	19.7	31.4	29.6
	B	28.6	38.3	43.5
	C	20.3	27.5	32.6
	D	27.9	40.0	46.1
	E	22.3	30.8	31.1
乙	A	40.8	29.4	30.2
	B	44.4	34.9	33.9
	C	44.6	41.4	26.2
	D	39.8	39.2	29.1
	E	71.5	47.6	55.4
丙	A	34.7	29.1	35.1
	B	28.8	28.7	21.0
	C	29.8	38.4	28.0
	D	27.2	27.6	20.4
	E	43.0	32.7	32.0
丁	A	20.2	30.2	16.0
	B	13.2	20.5	9.6
	C	24.5	41.6	30.6
	D	19.0	18.4	24.6
	E	27.6	30.0	22.7

5-8 设有一小麦中耕次数(A)和施肥量(B)试验，主处理为 A，分 A_1、A_2、A_3 3 个水平，副处理为 B，分 B_1、B_2、B_3、B_4 4 个水平，裂区设计，重复 3 次($r=3$)，副区计产面积 33 m^2，其田间排列和产量(kg/33 m^2)见下表，试做方差分析。

重 复 Ⅰ

A_1		A_3		A_2	
B_2 37	B_1 29	B_3 15	B_2 31	B_4 13	B_3 13
B_3 18	B_4 17	B_4 16	B_1 30	B_1 28	B_2 31

重 复 Ⅱ

A_3		A_2		A_1	
B_1 27	B_3 14	B_4 12	B_3 13	B_2 32	B_3 14
B_4 15	B_2 28	B_2 28	B_1 29	B_4 16	B_1 28

重 复 Ⅲ

A_1		A_3		A_2	
B_4 15	B_3 17	B_2 31	B_4 13	B_1 25	B_2 29
B_2 31	B_1 32	B_1 26	B_3 11	B_3 10	B_4 12

5.9　比较三种猪饲料 A_1、A_2 和 A_3 对猪催肥的效果，测得每头猪增加的重量(Y,kg)和初始重量(X,kg)，试测验这三种肥料对猪的催肥效果有无显著差异。

饲料	观察值(X_{ij},Y_{ij})								
A_1	X_{1j}	15	13	11	12	12	16	14	17
	Y_{1j}	85	83	65	76	80	91	84	90
A_2	X_{2j}	17	16	18	18	21	22	19	18
	Y_{2j}	97	90	100	95	103	106	99	94
A_3	X_{3j}	22	24	20	23	25	27	30	32
	Y_{3j}	89	91	83	95	100	102	105	110

第6章

相关与回归分析

在科学研究和生产实践中，经常需要对两类变量之间的关系进行分析。例如作物产量和种植密度、害虫的发生量和气象因子、动物的体重和生长天数等，这些变量之间的关系分析即相关和回归分析。相关和回归分析是生物学研究中最为常用的统计分析方法之一。

相关分析计算反映各个变量之间相关密切程度和性质的统计数。回归关系一般用反映因变量和自变量之间数量关系的回归方程表示，求解方法通常采用最小二乘法。

回归分析依自变量个数的多少分为一元回归和多元回归，依因变量和自变量之间的关系类型分为线性回归和非线性回归。另外，对于社会属性类数据，可以通过 Logistic 回归模型拟合线性模型。

6.1　线性相关分析

Pearson 积差相关系数衡量了两个定量变量之间的线性相关程度。它是说明有直线关系的两变量间相关关系密切程度和相关方向的统计指标，通常用 r 表示，取值范围为[−1,1]，绝对值越接近1，则线性相关关系越密切。

Spearman 等级相关系数则衡量分级定序变量之间的相关程度。

Kendall's Tau 相关系数也是一种非参数的等级相关度量。如欲考察几位老师对多篇作文的评分标准是否一致(又称评分者信度)，就应该使用肯德尔系数。

对于定序数据而言，Spearman 系数与 Pearson 系数是等价的；如果一个变量为定量数据，一个变量为定序数据，应计算 Spearman 系数或将定量数据变为定序数据后使用 Pearson 系数。

肯德尔系数一个重要优点在于便于解释，如果肯德尔系数等于1/3，意味着：一致情况的出现频率是不一致的两倍。

6.1.1　cor()函数

在R中，cor()函数可以计算这三种相关系数，而cov()函数可用来计算协方差。其一般的使用格式为：

```
cov(x, y = NULL, use = "everything",
    method = c("pearson", "kendall", "spearman"))
cor(x, y = NULL, use = "everything",
    method = c("pearson", "kendall", "spearman"))
```

x,y:为向量、矩阵或数据框;

use:指定缺失数据的处理方式,可选的方式为“all.obs”(假设不存在缺失数据,遇到缺失数据时将报错)、“everything”(遇到缺失数据时,相关系数的计算结果将被设为missing)、“complete.obs”(行删除)以及“pairwise.complete.obs”(成对删除);

method:指定相关系数的类型,可选类型为“pearson”“spearman”或“kendall”。

例 6-1　许多害虫的发生都和气象条件有一定的关系。山东临沂地区测定 1964~1973 年(共 10 年)间 7 月下旬的温雨系数(雨量 mm/平均温度℃)和大豆第二代造桥虫发生量(每百株大豆上的虫数)的关系见表 6-1,试进行相关分析。(见莫惠栋著《农业试验统计(第二版)》313 页例 10-1)

表 6-1　温雨系数和造桥虫虫口密度

温雨系数(X)	虫口密度(Y)	温雨系数(X)	虫口密度(Y)
1.58	180	2.41	175
9.98	28	11.01	40
9.42	25	1.85	160
1.25	117	6.04	120
0.30	165	5.92	80

代码 6-1　使用 cov()和 cor()函数计算相关系数。

```
>example6_1 <- read.csv("Example6_1.csv", header = TRUE, sep = ",")
>cov(example6_1)
            x          y
x   16.31763 -230.2444
y  -230.24444 3837.5556
>cor(example6_1)
            x          y
x  1.0000000  -0.9200964
y  -0.9200964  1.0000000
```

在此例中,利用 cov()函数计算了方差协方差矩阵,利用 cor()函数计算了相关系数,此处是利用默认值,计算的是 Pearson 相关系数,结果表明虫口密度与温雨系数相关系数为−0.920 1。

6.1.2 cor.test()函数

cor()函数仅仅是计算了相关系数的数值,没有对求得的相关系数进行显著性测验。cor.test()函数不仅可以实现相关系数的计算,并且可以对其进行显著性测验,其一般格式为:

```
cor.test(x, y,
         alternative = c("two.sided", "less", "greater"),
         method = c("pearson", "kendall", "spearman"),
         exact = NULL, conf.level = 0.95, continuity = FALSE, ...)
```

x,y:需要检验相关性的变量;

alternative:指定进行两尾测验或一尾测验(取值为“two.side”“less”或“greater”),当研究的假设为总体的相关系数小于 0 时,应使用 alternative=“less”,在研究的假设为总体的相关系数大于 0 时,应使用 alternative=“greater”,在默认情况下,假设为 alternative=“two.side”(总体相关系数不等于 0);

method:指定要计算的相关类型(“pearson”“kendall”或“spearman”)。

例 6-2 对例 6-1 数据求取相关系数并进行显著性测验。

代码 6-2 使用 cor.test()函数计算例 6-1 的相关系数并进行显著性测验。

```
>example6_2 <- read.csv("Example6_1.csv", header = TRUE, sep = ",")
>cor.test(example6_2$x,example6_2$y)

	Pearson's product - moment correlation

data:  example6_2$x and example6_2$y
t = -6.6441, df = 8, p-value = 0.0001618
alternative hypothesis: true correlation is not equal to 0
95 percent confidence interval:
 -0.9812614 -0.6904724
sample estimates:
       cor
-0.9200964
```

根据计算结果,X 和 Y 变量的相关系数与 cor()计算结果一致,显著性测验的概率值小于 0.01,表明虫口密度与温雨系数呈极显著负相关,即虫口密度随着温雨系数的增大而减小。

6.1.3 psych 包的 corr.test()函数

cor.test()只能用于计算两个变量的相关性检验,如果对多个变量或者矩阵数据的话,则可以使用 psych 包的 corr.test()函数,其一般格式为:

```
corr.test(x, y = NULL, use = "pairwise", method = "pearson", adjust = "holm",
alpha = .05, ci = TRUE, minlength = 5)
```

x,y:可以为向量、矩阵或数据框；

use:指定缺失数据的处理方式,默认值是 pairwise(成对删除)；

method:指定计算相关的方法,Pearson(默认值)、Spearman 或 Kendall；

adjust:指定多重测验的校正方式("holm"、"hochberg"、"hommel"、"bonferroni"、"BH"、"BY"、"fdr"、"none")。

例 6－3　玉米籽粒淀粉 RVA 粘性指标是籽粒品质性状的重要指标,测定了 30 个玉米品种的 RVA 粘性指标,包括峰值黏度(PV)、谷值黏度(TV)、崩解值(BD)、终值黏度(FV)、回复值(SB)、糊化时间(PT)和糊化温度(PTP)。试进行相关分析。

表 6－2　30 个玉米品种的 RVA 指标

品种编号	PV	TV	BD	FV	SB	PT	PTP
1	1 147	919	228	2 834	1 687	5.80	73.85
2	1 172	1 019	153	2 850	1 678	6.00	74.65
3	1 302	938	364	2 948	1 646	5.13	74.60
4	1 285	936	349	2 929	1 644	5.07	74.00
5	1 156	713	443	2 025	869	4.87	72.25
6	1 156	713	443	2 025	869	4.87	72.25
7	913	724	189	2 258	1 345	5.20	73.15
8	892	702	190	2 171	1 279	5.27	73.90
9	1 101	980	121	1 824	723	6.20	73.90
10	1 187	1 058	129	2 023	836	6.00	73.05
11	892	719	173	2 231	1 339	5.47	75.55
12	906	716	190	2 343	1 437	5.33	74.65
13	1 353	973	380	2 797	1 444	5.13	72.70
14	1 360	994	366	2 727	1 367	5.13	72.30
15	1 075	897	178	1 972	897	5.53	73.10
16	1 069	881	188	1 992	923	5.47	73.05
17	1 918	1 383	535	1 773	−145	4.93	70.75
18	1 865	1 370	495	1 750	−115	5.00	71.50
19	1 936	1 244	692	3 396	1 460	5.27	73.10

续 表

品种编号	PV	TV	BD	FV	SB	PT	PTP
20	1 843	1 169	674	3 288	1 445	5.07	73.00
21	1 286	1 103	183	2 566	1 280	6.07	73.90
22	1 347	1 181	166	2 587	1 240	6.00	74.80
23	1 882	1 303	579	4 100	2 218	5.53	73.10
24	1 932	1 321	611	4 032	2 100	5.47	72.45
25	1 139	919	220	2 832	1 693	5.60	73.85
26	1 162	921	241	2 798	1 636	5.73	73.95
27	586	564	22	813	227	5.40	69.85
28	756	711	45	985	229	5.00	69.95
29	2 337	1 442	895	3 830	1 493	5.13	70.70
30	2 149	1 371	778	3 881	1 732	5.07	70.80

代码 6－3　使用 psych 包中的 corr.test()函数对例 6－3 中的多个相关系数进行计算。

```
> example6_3 <- read.csv("Example6_3.csv", header = TRUE)
> library(psych)
> corr.test(example6_3,adjust = "none")
Call:corr.test(x = example6_3, adjust = "none")
Correlation matrix
       PV    TV    BD   FV   SB    PT   PTP
PV   1.00  0.93  0.92 0.71 0.23 -0.24 -0.29
TV   0.93  1.00  0.73 0.62 0.16  0.03 -0.20
BD   0.92  0.73  1.00 0.70 0.27 -0.50 -0.35
FV   0.71  0.62  0.70 1.00 0.85  0.03  0.21
SB   0.23  0.16  0.27 0.85 1.00  0.22  0.51
PT  -0.24  0.03 -0.50 0.03 0.22  1.00  0.53
PTP -0.29 -0.20 -0.35 0.21 0.51  0.53  1.00
Sample Size
[1] 30
Probability values (Entries above the diagonal are adjusted for multiple tests.)
      PV   TV   BD   FV   SB   PT  PTP
PV  0.00 0.00 0.00 0.00 0.22 0.19 0.12
TV  0.00 0.00 0.00 0.00 0.41 0.89 0.28
```

```
BD  0.00 0.00 0.00 0.00 0.14 0.00 0.06
FV  0.00 0.00 0.00 0.00 0.00 0.89 0.26
SB  0.22 0.41 0.14 0.00 0.00 0.24 0.00
PT  0.19 0.89 0.00 0.89 0.24 0.00 0.00
PTP 0.12 0.28 0.06 0.26 0.00 0.00 0.00

To see confidence intervals of the correlations, print with the short = FALSE option
```

数据结果包括了三部分，第一部分为相关系数矩阵(Correlation matrix)，第二部分为样本容量(Sample size)，第三部分是对相关系数进行显著性测验的结果(Probability values)。结果表明 PV、TV、BD、FV 两两间均存在极显著相关，SB 与 FV、PTP 之间存在极显著相关，PT 与 BD、PTP 之间存在极显著相关，

6.1.4 corrplot 包

corrplot 是一个绘制相关矩阵和置信区间的包，它也包含了一些矩阵排序的算法。比较常用的函数包括 corrplot()函数和 corrplot.mixed()函数，其中 corrplot()函数的一般格式为：

```
corrplot(corr, method = c("circle", "square", "ellipse", "number", "shade",
  "color", "pie"), type = c("full", "lower", "upper"), add = FALSE,
  col = NULL, bg = "white", title = "", is.corr = TRUE, diag = TRUE,
  outline = FALSE, mar = c(0, 0, 0, 0), addgrid.col = NULL,
  addCoef.col = NULL, addCoefasPercent = FALSE, order = c("original",
  "AOE", "FPC", "hclust", "alphabet"), hclust.method = c("complete", "ward",
  "ward.D", "ward.D2", "single", "average", "mcquitty", "median", "centroid"),
  addrect = NULL, rect.col = "black", rect.lwd = 2, tl.pos = NULL,
  tl.cex = 1, tl.col = "red", tl.offset = 0.4, tl.srt = 90,
  cl.pos = NULL, cl.lim = NULL, cl.length = NULL, cl.cex = 0.8,
  cl.ratio = 0.15, cl.align.text = "c", cl.offset = 0.5, number.cex = 1,
  number.font = 2, number.digits = NULL, addshade = c("negative",
  "positive", "all"), shade.lwd = 1, shade.col = "white", ...)
```

corr：需要可视化的相关系数矩阵，必须是正方形矩阵；

method：指定可视化的方法，默认是“circle”(圆形)，还有“square”(正方形)、“ellipse”(椭圆)、“number”(数字)、“shade”(阴影)、“color”(颜色)和“pie”(饼)可选；

type：指定展示类型，默认“full”(全显)，还有“lower”(下三角)和“upper”(上三角)可选；

col：指定图形展示的颜色，默认以均匀的颜色展示；

bg：指定图的背景色；

title：为图形添加标题；

is.corr：是否为相关系数绘图，默认为 TRUE，同样也可以实现非相关系数的可视化，

只需使该参数设为 FALSE 即可；

diag：是否展示对角线上的结果，默认为 TRUE；

outline：是否绘制圆形、方形或椭圆形的轮廓，默认为 FALSE；

mar：设置图形的四边间距；

addgrid.col：当选择的方法为颜色或阴影时，默认的网格线颜色为白色，否则为灰色；

addCoef.col：为相关系数添加颜色，默认不添加相关系数，只有方法为"number"时，该参数才起作用；

addCoefasPercent：为节省绘图空间，是否将相关系数转换为百分比格式，默认为 FALSE；

order：指定相关系数排序方法，可以是"original"（原始顺序）、"AOE"（特征向量角序）、"FPC"（第一主成分顺序）、"hclust"（层次聚类顺序）和"alphabet"（字母顺序），一般"AOE"排序结果都比"FPC"要好；

hclust.method：当 order 为"hclust"时，该参数可以是层次聚类中 ward 法、最大距离法等 7 种之一；

addrect：当 order 为"hclust"时，可以为添加相关系数图添加矩形框，默认不添加框，如果想添加框时，只需为该参数指定一个整数即可；

rect.col：指定矩形框的颜色；

rect.lwd：指定矩形框的线宽；

tl.pos：指定文本标签（变量名称）的位置，当 type 为"full"时，默认标签位置为"lt"（左边和顶部），当 type 为"lower"时，默认标签为"ld"（左边和对角线），当 type 为"upper"时，默认标签为"td"（顶部和对角线），"d"表示对角线，"l"表示左边，"t"表示顶部，"n"表示不添加文本标签；

tl.cex：指定文本标签的大小；

tl.col：指定文本标签的颜色；

cl.pos：图例位置，当 type 为"upper"或"full"时，默认为"r"（右边），当 type 为"lower"时，默认为"b"（底部），不需要图例时，只需指定该参数为"n"；

addshade：只有当 method 为"shade"时，该参数才有用，参数值可以是"negtive"、"positive"和"all"，分别表示对负相关系数、正相关系数和所有相关系数添加阴影，注意正相关系数的阴影是 45°，负相关系数的阴影是 135°；

shade.lwd：指定阴影的线宽；

shade.col：指定阴影线的颜色。

若绘制图形和数值混合矩阵，则使用 corrplot.mixed()函数，其一般格式为：

```
corrplot.mixed(corr, lower = "number", upper = "circle", tl.pos = c("d",
  "lt", "n"), diag = c("n", "l", "u"), bg = "white", addgrid.col = "grey",
  lower.col = NULL, upper.col = NULL, plotCI = c("n", "square", "circle",
  "rect"), mar = c(0, 0, 0, 0), ...)
```

其用法与 corrplot()函数类似，在此不赘述。

例 6-4　利用 corrplot 包实现对例 6-3 数据相关分析结果的可视化。

代码 6-4　利用 corrplot 包实现对例 6-3 数据相关分析结果的可视化。

```
>example6_4 <- read.csv("Example6_3.csv", header = TRUE, sep = ",")
>r_m <- cor(example6_4)
>r_m
        PV          TV           BD          FV          SB          PT           PTP
PV   1.0000000  0.93457707  0.9228918 0.70892518 0.2284310 -0.24419516 -0.2930846
TV   0.9345771  1.00000000  0.7255245 0.62069314 0.1557145  0.02743926 -0.2035564
BD   0.9228918  0.72552449  1.0000000 0.69956004 0.2733467 -0.50207892 -0.3466331
FV   0.7089252  0.62069314  0.6995600 1.00000000 0.8485765  0.02661835  0.2132187
SB   0.2284310  0.15571453  0.2733467 0.84857653 1.0000000  0.21992788  0.5141821
PT  -0.2441952  0.02743926 -0.5020789 0.02661835 0.2199279  1.00000000  0.5278595
PTP -0.2930846 -0.20355641 -0.3466331 0.21321871 0.5141821  0.52785949  1.0000000
>library(corrplot)
>corrplot(r_m, type = "upper")
>corrplot.mixed(r_m)
```

在本例中，利用 cor()函数计算了 7 个变量间的相关系数。

图 6-1 显示的是 corrplot()函数绘制的相关系数可视化矩阵，此处指定的是展示上三角，下三角没有展示，该方法是通过图形的大小和颜色表示相关系数的大小和方向。

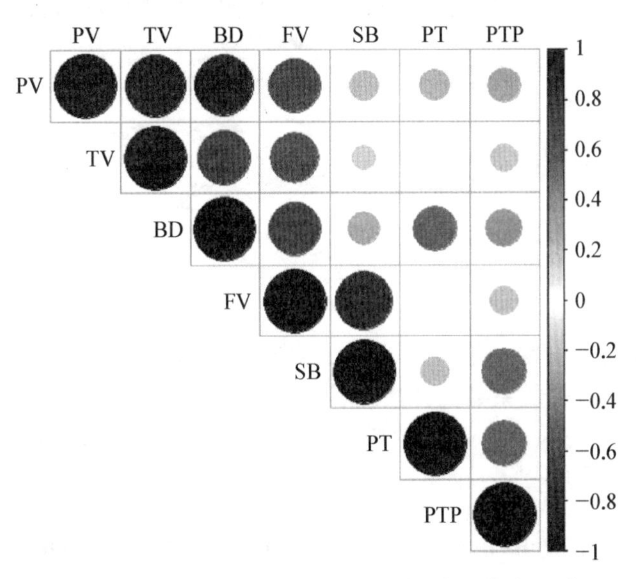

图 6-1　corrplot()函数绘制的相关系数可视化矩阵

图 6-2 显示的是 corrplot.mixed()函数绘制的相关系数可视化矩阵，此处指定的是在上三角展示图形，在下三角显示数值，主对角线显示的是变量名。该方法是通过图形的大小和颜色表示相关系数的大小和方向并给出具体的数值。

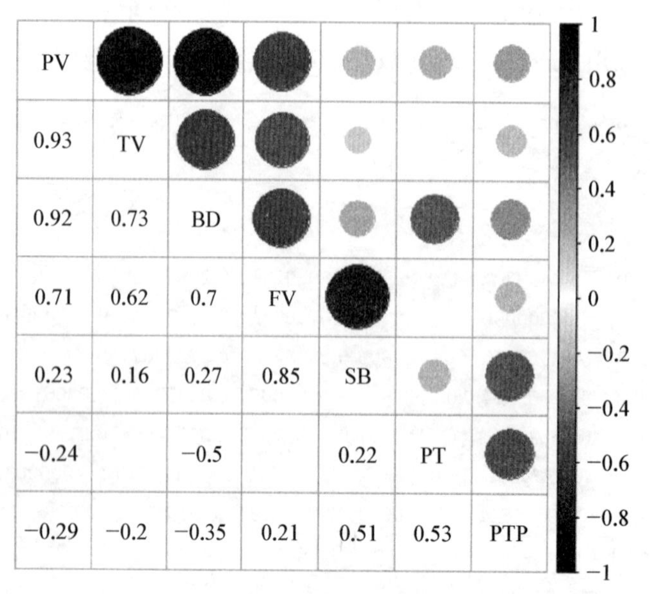

图 6－2　corrplot.mixed( )函数绘制的相关系数可视化矩阵

6.1.5　PerformanceAnalytics 包的 chart.Correlation( )函数

R 的 PerformanceAnalytics 包是用于业绩和风险分析的计量经济学工具，该包中的 chart.Correlation()函数可以实现相关系数的计算、显著性测验和可视化，其一般格式为：

```
chart.Correlation(
  R,
  histogram = TRUE,
  method = c("pearson", "kendall", "spearman"),
  ...
)
```

R：为计算相关系数的向量、矩阵或数据框；

histogram：指定是否绘制每一变量的直方图，默认为绘制；

method：指定计算相关系数的方法，默认为“pearson”。

例 6－5　利用 PerformanceAnalytics 包的 chart.Correlation()函数实现对例 6－3 数据相关分析结果的可视化。

代码 6－5　利用 PerformanceAnalytics 包的 chart.Correlation()函数实现对例 6－3 数据相关分析结果的可视化。

```
> example6_5 <- read.csv("Example6_3.csv", header = TRUE, sep = ",")
> library(PerformanceAnalytics)
> chart.Correlation(example6_5)
```

执行上述操作后，将会返回如图 6－3 所示的计算结果。该图的上三角为数值化表示的相关系数的数值，* 表示在 0.05 的水平上显著，* * 表示在 0.01 的水平上显著，* * * 表示在 0.001 的水平上显著。主对角线显示变量名称及变量的直方图。下三角显示两个变量的散点图。

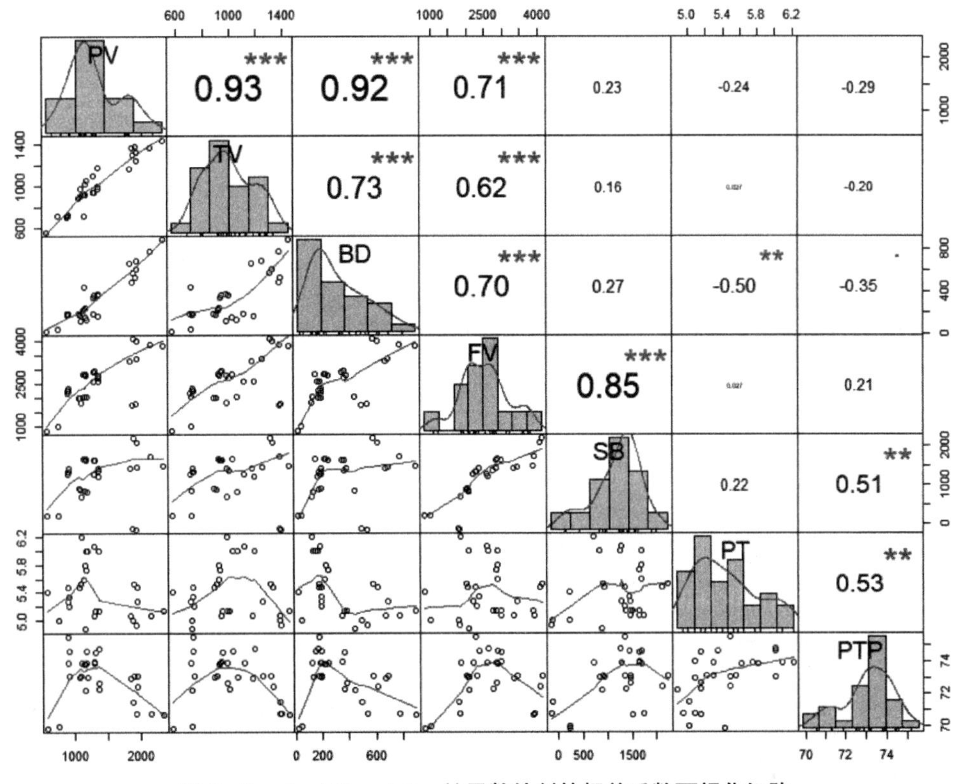

图 6－3　chart.Correlation( )函数绘制的相关系数可视化矩阵

6.2　一元线性回归分析

如果两个变量在散点图上呈线性，我们就可设想其数量关系是可能用一个线性方程式来表示的。根据解析几何学原理，当 $\hat{Y}=f(X)$ 为线性方程时，其一般形式为：$\hat{Y}=a+bX$。此式读作：Y 依 X 的线性回归方程。其中，a 是 $X=0$ 时的 $\hat{Y}$ 值，即直线在 Y 轴上的截距，叫作回归截距；b 是 X 每增加 1 个单位，Y 平均地将要增加($b>0$)或减小($b<0$)的单位数，叫作回归系数或斜率。

利用最小二乘法，可以得到 a 和 b 的估值：

$$b=\frac{\sum(X-\overline{x})(Y-\overline{y})}{\sum(X-\overline{x})^2},a=\overline{y}-b\overline{x}$$

一般的，对于任意一组观察值(X_i,Y_i)，$(i=1,2,\cdots,N)$，当 $\sum(X-\overline{x})\neq 0$ 时，由其

计算公式可以求出回归直线。但是这样建立的线性回归方程是否有意义，即 X 对 Y 是否有影响，且两者是否为线性关系，则必须要进行假设测验。

lm()函数只是 R 中众多回归的函数之一。lm()函数是用于一般目的回归分析的函数，而其他函数则具有各自特殊的用途。lm 函数的基本格式为：

```
lm(formula, data, subset, weights, na.action,
   method = "qr", model = TRUE, x = FALSE, y = FALSE, qr = TRUE,...)
```

formula：回归模型的表达式，与 aov()函数中的 formula 用法一致，在此不赘述；

data：数据框；

subset：是样本观察的子集；

weights：是用于拟合的加权向量；

na.action：指定当数据中存在缺失值时的处理方法；

method：指出用于拟合的方法；

model，x，y，qr：是逻辑表达，如果是 TRUE，应返回其值，除了第一个选项 formula 是必选项，其他都是可选项。

lm()函数的返回值本质上是一个具有类属性值 lm 的列表，为了提取更多的信息，可以使用对 lm()类对象有特殊操作的通用函数，见表 6－3 所示。

表 6－3　R 中与拟合线性模型相关的其他函数

函数	功能
coef()	提取系数向量的估计值
resid()/residuals()	提取残差向量
fitted()/predict()	提取拟合值向量
vcov()	提取 β 的普通最小二乘估计量条件方差阵的估计值
deviance()	提取残差平方和
formula()	提取模型表达式
df.residual()	提取残差的自由度
nobs()	提取模型中样本容量 n
AIC()	提取模型中 AIC 信息准则
BIC()	提取模型中 BIC 信息准则
logLik()	提取模型的对数似然函数值

例 6－6　lm()函数对例 6－1 数据的一元线性回归分析。

代码 6－6　利用 lm()函数对例 6－1 数据的一元线性回归分析。

```
>example6_6 <- read.csv("Example6_1.csv", header = TRUE, sep = ",")
>plot(example6_6$x,example6_6$y)
>fit <- lm(example6_6$y~example6_6$x)
>anova(fit)
```

```
Analysis of Variance Table

Response: example6_1$y
            Df  Sum Sq Mean Sq F value    Pr(>F)
example6_6$x  1 29239.1 29239.1  44.144  0.0001618 ***
Residuals     8  5298.9   662.4
---
Signif. codes:  0 '***' 0.001 '**' 0.01 '*' 0.05 '.' 0.1 ' ' 1
> summary(fit)

Call:
lm(formula = example6_6$y ~ example6_6$x)

Residuals:
    Min      1Q  Median      3Q     Max
-44.574 -14.358  -1.544  21.347  29.793

Coefficients:
             Estimate Std. Error t value Pr(>|t|)
(Intercept)   179.212     13.338  13.436 9.02e-07 ***
example6_6$x  -14.110      2.124  -6.644 0.000162 ***
---
Signif. codes:  0 '***' 0.001 '**' 0.01 '*' 0.05 '.' 0.1 ' ' 1

Residual standard error: 25.74 on 8 degrees of freedom
Multiple R-squared: 0.8466, Adjusted R-squared: 0.8274
F-statistic: 44.14 on 1 and 8 DF,  p-value: 0.0001618

> confint(fit)
                 2.5 %      97.5 %
(Intercept)  148.45388 209.970509
example6_6$x -19.00749  -9.212846
> abline(fit)
```

首先，通过 plot()函数可以绘制散点图（该函数的具体使用方法可参考本书第十章的内容），如图 6－4 所示，两个变量间表现出明显的线性关系，说明温雨系数和大豆第二代造桥虫发生量存在一定的线性相关。通过 lm()函数拟合回归方程，由 anova()函数得到方差分析表，结果显示模型拟合在 0.001 的水平上达到了显著（$F=44.144$，$p=0.000\ 16$）。由 summary()函数获取回归方程的相关信息，Coefficients 给出了截距项和 x 的估计值（Estimate），标准误（Std. Error），t 值（t value）以及 p 值（$Pr(>|t|)$），本例中截距项的估计值为 179.212，回归系数的估计值为－14.110，因此，线性回归方程为：$\hat{y}=179.212-$

14.110x,并且截距项和回归系数的显著性测验在 0.001 的水平上均达到了显著。Multiple R-squared 给出了回归模型的拟合度,称为决定系数,其值取值范围为 0 到 1,越大表示两变量之间密切程度越高。Adjusted R-squared 表示校正后的决定系数。F-statistic对整个模型进行检验,此处 p 值为 0.000 1618,说明回归模型具有极显著的统计意义。confint()函数给出了自变量 x 的 95%的置信区间,可知 x 的置信区间为[−19.007,9.212 8]。最后,可以调用 abline()函数在散点图中添加回归直线。

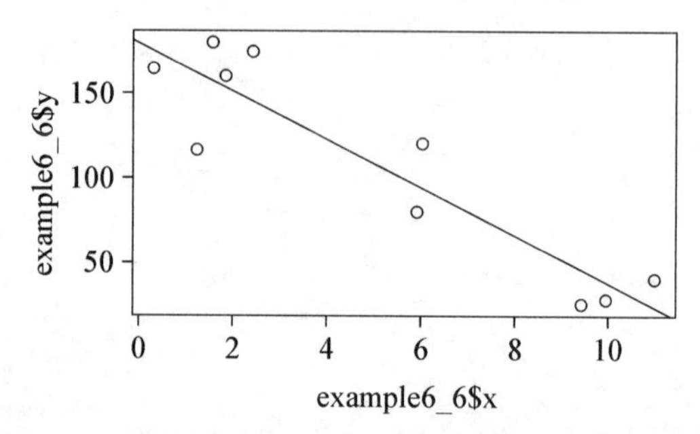

图 6-4 温雨系数和大豆第二代造桥虫发生量的关系

6.3 多元线性回归分析

对比一元线性回归,多元线性回归是用来确定 2 个或 2 个以上变量间关系的统计分析方法。多元线性回归基本的分析方法与一元线性回归方法是类似的,我们首先需要选取多元数据集并定义数学模型,然后进行参数估计,对估计出来的参数进行显著性检验、残差分析、异常点检测,最后确定回归方程进行模型预测。

多元线性回归分析的模型为 $\hat{Y}=b_0+b_1X_1+b_2X_2+\cdots+b_nX_n$。其中 $\hat{Y}$ 为根据所有自变量 X 计算出的估计值,b_0 为常数项,$b_1,b_2,\cdots,b_n$ 称为 Y 对应于 $X_1,X_2,\cdots,X_n$ 的偏回归系数。偏回归系数表示假设在其他所有自变量不变的情况下,某一个自变量变化引起因变量变化的比率。多元线性回归方程中的回归系数和常数项同样可以利用最小二乘法计算出来,但是这个模型是否恰当,也需要进行假设测验。

由于多元回归方程有多个自变量,区别于一元回归方程,有一项很重要的操作就是自变量的优化,挑选出相关性最显著的自变量,同时去除不显著的自变量。在 R 语言中,优化函数可以很好地帮助我们来改进回归模型。

在 R 中,常用的优化函数是 step(),其一般格式为:

```
step(object, scope, scale = 0,
    direction = c("both", "backward", "forward"),
```

object:表示已经拟合好的模型对象,例如存储 lm()、glm()的拟合结果。

scope:指定变量选择的上下界。

scale:回归模型中定义 AIC 所需的值。

direction:表示采用逐步回归方法,包括向后筛选法(backward)、向前筛选法(forward)和逐步筛选法(both),默认为 both。向前筛选法指从一元回归开始,逐步增加变量,使指标达到最优。向后筛选法指从全变量回归方程开始,逐步删去某个变量,使指标值达到最优为止。逐步筛选法综合了上述两种方法。

例 6-7　测定"丰产 3 号"小麦的每株穗数(X_1)、每穗结实小穗数(X_2)、百粒重(X_3,克)、株高(X_4,厘米)和每株籽粒产量(Y,克)的关系,得结果于表 6-4。试进行最优多元线性回归分析。

表 6-4　例 6-7 的数据

X_1	X_2	X_3	X_4	Y
10	23	3.6	113	15.7
9	20	3.6	106	14.5
10	22	3.7	111	17.5
13	21	3.7	109	22.5
10	22	3.6	110	15.5
10	23	3.5	103	16.9
8	23	3.3	100	8.6
10	24	3.4	114	17
10	20	3.4	104	13.7
10	21	3.4	110	13.4
10	23	3.9	104	20.3
8	21	3.5	109	10.2
6	23	3.2	114	7.4
8	21	3.7	113	11.6
9	22	3.6	105	12.3

代码 6-7　多元线性回归分析。

```
> example6_7 <- read.csv("Example6_7.csv", header = TRUE, sep = ",")
> fit <- lm(y~x1 + x2 + x3 + x4,data = example6_7)
> fit <- step(fit)
Start:  AIC = 13.08
y ~ x1 + x2 + x3 + x4

        Df Sum of Sq    RSS    AIC
- x4     1     0.660 19.078 11.607
<none>               18.418 13.079
- x2     1     8.597 27.015 16.825
```

```
- x3      1     20.574   38.992 22.329
- x1      1    102.168 120.586 39.265

Step:   AIC=11.61
y ~ x1 + x2 + x3

         Df Sum of Sq      RSS     AIC
<none>                  19.078 11.607
- x2      1      9.269   28.347 15.547
- x3      1     20.762   39.840 20.652
- x1      1    101.508 120.586 37.265
>summary(fit)

Call:
lm(formula = y ~ x1 + x2 + x3, data = example6_7)

Residuals:
    Min       1Q   Median       3Q      Max
-1.8953  -0.6871   0.1562   0.9166   1.7140

Coefficients:
              Estimate Std. Error t value Pr(>|t|)
(Intercept) -46.9664    10.1926   -4.608 0.000755 ***
x1            2.0131     0.2631    7.650 9.97e-06 ***
x2            0.6746     0.2918    2.312 0.041170 *
x3            7.8302     2.2631    3.460 0.005334 **
---
Signif. codes:  0 '***' 0.001 '**' 0.01 '*' 0.05 '.' 0.1 ' ' 1

Residual standard error: 1.317 on 11 degrees of freedom
Multiple R-squared: 0.9205, Adjusted R-squared: 0.8988
F-statistic: 42.44 on 3 and 11 DF,  p-value: 2.445e-06
```

逐步回归分析是以 AIC 信息统计量为准则，通过选择最小的 AIC 信息统计量，来达到删除或增加变量的目的。当用 x1、x2、x3、x4 作为回归方程的系数时，AIC 的值为 13.08，去掉 x4 回归方程的 AIC 值为 11.61，去掉其他自变量之后 AIC 的值都增加，逐步回归分析终止，得到当前最优的回归方程。根据线性回归分析结果，则最优多元线性回归方程为：$\hat{y}=-46.966\ 4+2.013\ 1x_1+0.674\ 6x_2+7.830\ 2x_3$，并且常数项和回归系数的显著性测验均达到了显著水平，表明小麦的每株穗数、每穗结实小穗数、百粒重均对每株籽粒产量有显著影响。此线性回归方程的决定系数为 0.920 5。回归模型的显著性 $p=2.445e-06<0.01$，说明回归模型具有极显著的统计意义。

6.4　非线性回归

非线性回归是指在因变量与一组自变量之间建立非线性模型。这里的“线性”和“非线性”并非指因变量与自变量之间的直线关系和曲线关系,而是指因变量能否表示为自变量的线性组合。如果变量关系经过转换可以表达为线性关系,则可以应用线性回归的方法;而如果变量关系经过转换后不能表达为线性关系,就需要用到非线性回归分析方法。在 R 中,nls()函数可用于非线性拟合,其一般格式为:

```
nls(formula, data, start, control, algorithm, ...)
```

formula:为指定的包括变量和参数的模型表达式;

data:指定需要分析的数据集;

start:设置各个参数的初始值;

control:为控制选项的优化列表;

algorithm:设定非线性拟合的算法,默认为高斯牛顿法(Gauss-Newton)。

例 6－8　江苏东台测定 1972 年越冬代棉红铃虫随时间(X,天,以 5 月 31 日为 0)变化的化蛹进度(Y,%),结果见表 6－5,试用 Logistic 生长曲线($\hat{Y}=\frac{K}{1+a\mathrm{e}^{-bx}}$)来描述 X 和 Y 之间的关系。

表 6－5　越冬代棉红铃虫随时间变化的化蛹进度

时间(X)	化蛹进度(Y,%)	时间(X)	化蛹进度(Y,%)
5	3.5	30	60.4
10	6.4	35	75.2
15	14.6	40	90.2
20	31.4	45	95.4
25	45.6	50	97.5

代码 6－8　非线性回归分析。

```
> example6_8 <- read.csv("Example6_8.csv", header = TRUE)
> fit<-nls(y ~ k/(1 + a * exp( - b * x)),start = list(a = 1, b = 0.1,k = 100), data =
example6_8)
> summary(fit)

Formula: y ~ k/(1 + a * exp( - b * x))
```

```
Parameters:
   Estimate Std. Error t value Pr(>|t|)
a  44.14367    8.33833    5.294    0.00113 **
b   0.14100    0.00848   16.628 6.95e-07 ***
k  101.99295    2.40785   42.358 1.07e-09 ***
---
Signif. codes:  0 '***' 0.001 '**' 0.01 '*' 0.05 '.' 0.1 ' ' 1

Residual standard error: 2.203 on 7 degrees of freedom
Number of iterations to convergence: 10
Achieved convergence tolerance: 1.879e-06
>plot(example6_8$x,example6_8$y)
>lines(example6_8$x,y=predict(fit), col="blue") #添加回归曲线
```

此例中，利用 nls 拟合非线性回归方程，由 summary()函数展示分析结果，Formula 项展示了拟合公式，Parameters 项给出了非线性回归模型中参数的估计值。具体给出了各个参数的估值(Estimate)、标准误(Std. Error)、t 值(t value)和显著性 p 值($Pr(>|t|)$)。三个参数 a，b，k 的估计值分别为 44.14，0.14 和 101.99，各参数的显著性测验均达到了显著水平，可以得出非线性方程的拟合结果为 $\hat{y}=\dfrac{101.99}{1+44.14e^{-0.14x}}$。此外，由 plot()函数绘制散点图，利用 lines()函数添加回归曲线，非线性回归方程的拟合结果如图 6-5 所示。

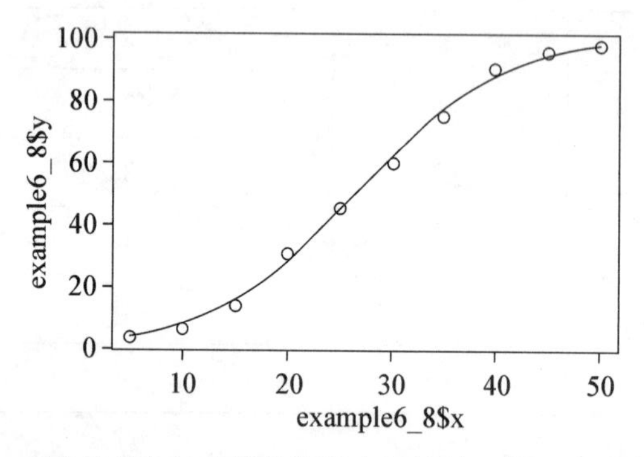

图 6-5　越冬代棉红铃虫的化蛹进度(*Y*)随与时间(*X*)变化的关系

6.5　二分类变量 Logistic 回归

在实际科研实践中，人们常常要研究某一随机事件 A 发生的概率与某些因素之间的关系。例如在农业生产实践中，要研究农药的使用剂量与某种害虫的死亡率之间的关系；在医学研究中，要考察人们的某些生活习惯、生存环境等因素与某种疾病的发病率之间的关系。然后我们在考察害虫的死亡时，其只表现出两种类型，要么害虫死亡(计作 1)，要

么还存活(计作 0);而发病与否也仅仅是两种类型。这类数据被称之为二分类变量。若依变量为二分类变量,则在进行回归分析的时候需要采用二分类 Logistic 回归模型加以分析。

对于二分类变量的数据往往可以用 0 和 1 两个数值表示。二分类 Logistc 回归模型要解决的问题是对依变量中二值取一的概率建模而不是直接预测其取值。在一般的多元回归中,若以 P(概率)为依变量,则方程为 $P=b_0+b_1X_1+b_2X_2+\cdots+b_kX_k$,但使用该方程计算时,常会出现概率值 $P>1$ 或 $P<0$ 的不合理情况,为此,对 P 做对数单位转换,令 $\mathrm{logit}P=\ln(P/(1-P))$,可得 Logistic 回归方程为

$$P=\frac{e^{b_0+b_1X_1+\cdots+b_kX_k}}{1+e^{b_0+b_1X_1+\cdots+b_kX_k}}$$

拟合二分类变量的 Logistic 回归模型的参数实际上就是拟合线性模型的参数。通常采用最大似然法来估计参数。

在 R 中,Logistic 回归分析可以通过调用广义线性回归模型函数 glm()来实现,其一般格式为:

```
glm(formula, family = gaussian, data, weights, subset,
    na.action, start = NULL, etastart, mustart, offset,
    control = list(...), model = TRUE, method = "glm.fit",
    x = FALSE, y = TRUE, singular.ok = TRUE, contrasts = NULL, ...)
```

formula:指定用于拟合的模型公式,类似于 lm 中的用法;

family:指定误差的概率分布和模型的连接函数,默认值为 gaussian,若需进行 logistic 回归,则需设置为 binomial(link = "logit");

data:指定用于回归的数据对象,可以是数据框、列表或能被强制转换为数据框的数据对象;

weights:一个向量,用于指定每个观测值的权重;

subset:一个向量,指定数据中需要包含在模型中的观测值;

na.action:一个函数,指定当数据中存在缺失值时的处理办法;

start:一个数值型向量,用于指定现行预测器中参数的初始值;

etastart:一个数值型向量,用于指定现行预测器的初始值;

mustart:一个数值型向量,用于指定均值向量的初始值;

offset:指定用于添加到线性项中的一组系数恒为 1 的项;

contol:指定控制拟合过程的参数列表,其中 epsilon 表示收敛的容忍度,maxit 表示迭代的最大次数,trace 表示每次迭代是否打印具体信息;

model:逻辑值,指定是否返回模型框架,默认值为 TRUE;

method:指定用于拟合的方法,“glm.ft”表示用于拟合,“model.frame”表示可以返回模型框架;

x:逻辑值,指定是否返回横型矩阵,默认值为 FALSE;

y:逻辑值,制度是否能够返回响应变量,默认值为 TRUE;

contrasts:模型中因子对照的列表。

例 6-9 现有 34 名肺癌病人的生存资料(表 6-6)。其中 $x1$:生活行动能力评分(1～100);$x2$:病人年龄;$x3$:由诊断到进入研究时间(月);$x4$:肿瘤类型("0"表示鳞癌、"1"表示小型细胞癌、"2"表示腺癌、"3"表示大型细胞癌);$x5$:两种化疗方法("1"表示常规方法、"0"表示试验新法);y:病人的生存时间("0"表示生存时间短,即生存时间小于 200 天;"1"表示生存时间长,即生存时间大于或等于 200 天)。具体试验数据见表 6-6 所示,试用 Logistic 分析病人的生存时间长短的概率与 $x1,x2,x3,x4,x5$ 之间的关系。

表 6-6 34 名肺癌病人的生存资料

$x1$	$x2$	$x3$	$x4$	$x5$	y	$x1$	$x2$	$x3$	$x4$	$x5$	y
40	69	10	1	1	0	60	37	13	1	1	0
40	63	58	2	1	0	90	54	12	1	0	1
70	48	9	2	1	0	50	52	8	1	0	1
70	48	11	2	1	0	70	50	7	1	0	1
80	63	4	2	1	0	20	65	21	1	0	0
60	63	14	2	1	0	80	52	28	1	0	1
30	53	4	2	1	0	60	70	13	1	0	0
80	43	12	2	1	0	50	40	13	1	0	0
40	55	2	2	1	0	70	36	22	2	0	0
60	66	25	2	1	1	40	44	36	2	0	0
40	67	23	2	1	0	60	50	22	3	0	0
20	61	19	3	1	0	80	62	4	3	0	0
50	63	4	3	1	0	70	68	15	0	0	0
50	66	16	3	1	0	30	39	4	0	0	0
40	68	12	3	1	0	60	49	11	0	0	0
80	41	12	0	1	1	80	61	10	0	0	1
70	53	8	0	1	1	70	67	18	0	0	1

代码 6-9 二分类变量 Logistic 回归分析。

```
>example6_9 <- read.csv("Example6_9.csv", header = TRUE)
>fit <- glm(y~x1 + x2 + x3 + x4 + x5, binomial(link = "logit"),data = example6_9)
>summary(fit)
Call:
glm(formula = y ~ x1 + x2 + x3 + x4 + x5, family = binomial(link = "logit"),
    data = example6_9)

Deviance Residuals:
```

```
    Min        1Q    Median       3Q       Max
-1.8504   -0.5109   -0.2393   0.3586    2.1397

Coefficients:
             Estimate Std. Error z value Pr(>|z|)
(Intercept) -6.36122    4.38550  -1.451   0.1469
x1           0.08735    0.04289   2.037   0.0417 *
x2           0.01593    0.05182   0.307   0.7586
x3           0.04510    0.05894   0.765   0.4442
x4          -1.37780    0.66401  -2.075   0.0380 *
x5          -0.09662    1.14889  -0.084   0.9330
---
Signif. codes:
0 '***' 0.001 '**' 0.01 '*' 0.05 '.' 0.1 ' ' 1

(Dispersion parameter for binomial family taken to be 1)

    Null deviance: 39.299  on 33  degrees of freedom
Residual deviance: 22.641  on 28  degrees of freedom
AIC: 34.641

Number of Fisher Scoring iterations: 6
>fit<-glm(y~x1+x4, binomial(link = "logit"),data=example6_9)
>summary(fit)

Call:
glm(formula = y ~ x1 + x4, family = binomial(link = "logit"),
    data = example6_9)

Deviance Residuals:
    Min        1Q    Median       3Q       Max
-1.6807   -0.5916   -0.1845   0.3747    2.2345
Coefficients:
             Estimate Std. Error z value Pr(>|z|)
(Intercept) -4.65640    2.76580  -1.684   0.0923 .
x1           0.08271    0.04027   2.054   0.0400 *
x4          -1.35835    0.60922  -2.230   0.0258 *
---
Signif. codes:
0 '***' 0.001 '**' 0.01 '*' 0.05 '.' 0.1 ' ' 1
```

```
(Dispersion parameter for binomial family taken to be 1)

    Null deviance: 39.299  on 33  degrees of freedom
Residual deviance: 23.306  on 31  degrees of freedom
AIC: 29.306

Number of Fisher Scoring iterations: 6
```

此例中，利用 glm 拟合 Logistic 回归，由 summary() 函数展示分析结果，Coefficients 项给出了回归模型中各自变量的估值(Estimate)、标准误(Std. Error)、z 值(z value)和显著性 p 值($Pr(>|z|)$)。该模型中 $x2$(病人年龄)、$x3$(诊断到进入研究时间)和 $x5$(化疗方法)三个自变量对于模型贡献未达显著水平，因此，去除这些变量重新拟合模型，新模型的 AIC 值为由原来的 34.641 降为 29.306，最终的模型包含 $x1$(生活行动能力评分)和 $x4$(肿瘤类型)两个自变量，各自回归系数显著性测验的概率值均小于 0.05，达显著水平。由此可以得出 Logistic 方程为 $P=\frac{e^{(-4.656\,40+0.082\,71x1-1.358\,35x4)}}{1+e^{(-4.656\,40+0.082\,71x1-1.358\,35x4)}}$。

练习题

6-1 施化肥量对水稻产量影响的试验数据见下表，试进行线性相关和回归分析。

施化肥量 x(kg)	15	20	25	30	35	40	45
水稻产量 y(kg/亩)	330	345	365	405	445	450	455

6-2 在四川白鹅的生产性能研究中，得到如下一组关于雏鹅重(g)与 70 日龄重(g)的数据，试对其进行线性相关和回归分析。

编号	1	2	3	4	5	6	7	8	9	10
雏鹅重(x)	80	86	98	90	120	102	95	83	113	105
70 日龄重(y)	2 350	2 400	2 750	2 500	3 150	2 680	2 630	2 400	3 080	2 920

6-3 某学校 20 名一年级女大学生体重(kg)、胸围(cm)、肩宽(cm)及肺活量(L)实测值如下表所示，试对影响女大学生肺活量的有关因素做多元回归分析。

编号	体重(kg)	胸围(cm)	肩宽(cm)	肺活量(L)
1	51.3	73.6	36.4	2.99
2	48.9	83.9	34.0	3.11
3	42.8	78.3	31.0	1.91
4	55.0	77.1	31.0	2.63

续　表

编号	体重(kg)	胸围(cm)	肩宽(cm)	肺活量(L)
5	45.3	81.7	30.0	2.86
6	45.3	74.8	32.0	1.91
7	51.4	73.7	36.5	2.98
8	53.8	79.4	37.0	3.28
9	49.0	72.6	30.0	2.52
10	53.9	79.5	37.1	3.27
11	48.8	83.8	33.9	3.10
12	52.6	88.4	38.0	3.28
13	42.7	78.2	30.9	1.92
14	52.5	88.3	38.1	3.27
15	55.1	77.2	31.1	2.64
16	45.2	81.6	30.2	2.85
17	51.4	78.3	36.5	3.16
18	48.7	72.5	30.0	2.51
19	51.3	78.2	36.4	3.15
20	45.2	74.7	32.1	1.92

6-4　测定水稻品种 IR72 籽粒开花后不同天数(X,d)下的平均单粒重(Y,mg),得结果见下表,试用 Logistic 生长曲线方程($Y=\dfrac{K}{1-a\cdot e^{-bX}}$)描述 X 和 Y 之间的关系。

开花后天数(d)	平均单粒重(mg)	开花后天数(d)	平均单粒重(mg)
0	0.30	15	17.64
3	0.82	18	18.68
6	4.31	21	19.34
9	9.82	24	18.96
12	14.08		

6-5　40 位急性淋巴细胞白血病病人,在入院治疗时取得了外周血中的细胞数 X_1(千个/mm^3);淋巴结浸润等级 X_2(分为 0,1,2 级);出院后有无巩固治疗 X_3(1 表示有巩固治疗,0 表示无巩固治疗)。通过随访取得了病人的生存时间,并以变量 Y 表示生存时间(0 表示生存时间在 1 年以内,1 表示生存时间在 1 年或 1 年以上)。数据如下表所示,

试用 Logistic 模型分析病人生存时间长短的概率与 X_1，X_2，X_3 的关系。

序号	X_1	X_2	X_3	Y	序号	X_1	X_2	X_3	Y
1	2.5	0	0	0	21	1.2	2	0	0
2	173	2	0	0	22	4	0	1	1
3	119	2	0	0	23	5.1	0	1	1
4	10	2	0	0	24	32	0	1	1
5	502.2	2	0	0	25	1.4	0	1	1
6	4	0	0	0	26	34.7	0	0	0
7	14.4	0	1	0	27	28.4	2	0	0
8	2	2	0	0	28	0.9	0	1	0
9	40	2	0	0	29	30.6	2	0	0
10	6.6	0	0	0	30	5.8	0	1	0
11	21.4	2	1	0	31	6.1	0	1	0
12	2.8	0	0	0	32	2.7	2	1	0
13	5.1	0	1	1	33	4.7	0	0	0
14	2.4	0	0	1	34	128	2	1	0
15	1.7	0	1	1	35	35	0	0	0
16	1.1	0	1	1	36	2	0	0	1
17	12.8	0	1	1	37	8.5	0	1	1
18	21.6	0	1	1	38	2	2	1	1
19	2	0	1	1	39	2	0	1	1
20	3.4	2	1	1	40	4.3	0	1	1

第7章

聚类分析和判别分析

聚类分析(Cluster Analysis)是利用多个样本或多个观测指标(变量)对样本或指标进行分类的一种多元统计方法,目的是将样本或者指标(变量)按相似程度(距离远近)划分类别,使得同一类别中元素之间的相似性比其他类别中元素的相似性更强,最终使类间元素的同质性最大化和类与类间元素的异质性最大化。依据分类对象分为对样本进行分类的 Q 型聚类和对变量或指标进行分类的 R 型聚类两种。依据分类方法常见的有系统聚类、模糊聚类、灰色聚类、信息聚类、图论聚类、概率聚类、动态聚类、最优分割等方法,本章重点介绍常用的系统聚类分析和动态聚类分析。

7.1 系统聚类分析

系统聚类分析方法(hierarchical clustering method)中 Q 型聚类分析分类统计量是"距离",R 型聚类分析分类统计量是"相似系数"。其基本思想是关系密切的样本(或者变量)聚合到一个小的分类单位,关系疏远的聚合到一个大的分类单位,直到把所有的样本(或变量)都聚合完毕,把不同的类型一一划分出来,形成一个由小到大的分类系统,最后再把整个分类系统画成一张分群图(又称谱系图),用它把所有样本(或变量)间的亲疏关系表示出来。

系统聚类分析基本过程:设有 n 个观察值(或变量),第一步是将每个观察值(或变量)独自聚成一类,此时共有 n 类;第二步根据所确定的观察值(或变量)"距离"(或"相似系数"),把距离最近的两个观察值(或变量)聚为一类,其他的观察值(或变量)仍然各自聚为一类,形成$(n-1)$类;第三步将$(n-1)$类中"距离"(或"相似系数")最近的两个类进一步聚成一类,形成$(n-2)$类;以此类推,直至所有观察值(或变量)聚成一类为止。

7.1.1 距离的含义

聚类分析首先要建立在各个观察值(或变量)之间"距离"的精确度量的基础之上。设有 N 个样本,每个样本观测 m 个变量,且设 x_{ik} 为观测到的第 i 个样本第 k 个变量的观测值,显然每个样本也是 m 维空间的一个向量,记作 X_n,则有 $X_n=(x_{n1},x_{n2},\cdots,x_{nm})'$,其中 $n=1,2,\cdots,N$。X_n 可以看成 m 维空间的一个点,称为样本点,于是研究样本间聚类问题就转换成研究点与点之间距离关系的问题。我们用 d_{ij} 表示第 i 个样本 X_i 与第 j 样本

X_j 之间的距离。对于“距离”的度量常用的方法有欧氏距离(Euclidean distance)、切比雪夫距离(Chebychev distance)、明可夫斯基距离(Minkowski distance)、马氏距离(Mahalanobis distance)等。

一、欧氏距离

$$d_{ij}=\left[\sum_{k=1}^{m}(x_{ik}-x_{jk})^2\right]^{\frac{1}{2}}$$

欧氏距离应用广泛,但是它的缺点是它与变量取值的量纲(即测量单位)有关,当改变测量单位时,计算出的距离系数不同。因此,通常将数据进行标准化离差转换后再进行分析,转换公式为 $x'_{ij}=\dfrac{x_{ij}-\bar{x}_j}{s_j}$,其中 $s_j=\sqrt{\dfrac{1}{N-1}\sum_{i=1}^{N}(x_{ij}-\bar{x}_j)^2}$,$\bar{x}_j=\dfrac{1}{N}\sum_{i=1}^{N}x_{ij}$。

二、明氏距离

$$d_{ij}=\left[\sum_{k=1}^{m}|x_{ik}-x_{jk}|^q\right]^{\frac{1}{q}}$$

显然当 $q=2$ 时,即为欧氏距离,所以欧氏距离为明氏距离的特殊情况。

三、切比雪夫距离

$$d_{ij}=\max_{1\leqslant k\leqslant m}|x_{ik}-x_{jk}|$$

四、马氏距离

$$d_{ij}=\sqrt{(x_i-x_j)'\mathbf{s}^{-1}(x_i-x_j)}$$

其中 $\mathbf{s}^{-1}$ 为 $\mathbf{s}$ 的逆矩阵,$s_{ij}=\dfrac{1}{N}\sum_{k=1}^{N}(x_{ki}-\bar{x}_i)(x_{kj}-\bar{x}_j)$。

系统聚类法不仅需要度量个体与个体之间的距离,还要度量类与类之间的距离。按照计算新类与其他样本(或变量)的距离的方法不同可以分为最短距离法(Nearest neighbor)、最长距离法(Furthest neighbor)、重心法(Centroid cluster)、中间距离法(Median cluster)和离差平方和法(Ward)等。

7.1.2 相似系数的含义

聚类分析除了研究对样本的分类外,有时也研究对变量(指标)的分类,变量间的聚类也可以用距离来研究,常用相似系数法。相似系数是描述变量之间相似程度的统计量。变量 x_i 与变量 x_j 之间的相似系数如果记作 C_{ij},$|C_{ij}|$ 越接近于1,说明变量 x_i 与变量 x_j 关系越密切,越接近于0,说明变量 x_i 与变量 x_j 关系越不密切。常用的相似系数法有夹角余弦和相关系数。

一、夹角余弦

在 m 维空间中，向量 $\boldsymbol{X}_i=(x_{1i},x_{2i},\cdots,x_{mi})'$ 与 $\boldsymbol{X}_j=(x_{1j},x_{2j},\cdots,x_{mj})'$ 的夹角如果记作 α_{ij}，则它们的余弦为

$$\cos\alpha_{ij}=\frac{\boldsymbol{X}'_i\boldsymbol{X}_j}{\sqrt{\boldsymbol{X}'_i\boldsymbol{X}_i}\sqrt{\boldsymbol{X}'_j\boldsymbol{X}_j}}=\frac{\sum_{k=1}^{N}x_{ki}x_{kj}}{\sqrt{\sum_{k=1}^{N}x_{ki}^2}\sqrt{\sum_{k=1}^{N}x_{kj}^2}}$$

二、相关系数

$$r_{ij}=\frac{\sum_{k=1}^{N}(x_{ki}-\bar{x}_i)(x_{kj}-\bar{x}_j)}{\sqrt{\sum_{k=1}^{N}(x_{ki}-\bar{x}_i)^2}\sqrt{\sum_{k=1}^{N}(x_{kj}-\bar{x}_j)^2}}$$

7.1.3　分类个数的确定

确定分成多少类为好，没有统一的答案，要结合专业知识、经验和实际效果确定不同类间的距离界限。参考方法有：(1) 给定你认为的距离的最小阈值；(2) 观察散点图，给出大概分类个数；(3) 使用某种统计量确定分类个数；(4) 根据初步分类图，再次分类确定个数。

Bemirman(1972)提出根据研究目的来确定分类的方法，并提出了根据谱系分析的准则：(1) 各类之间重心距离必须较大；(2) 各类包含的元素不要太多；(3) 各类的个数符合实验目的；(4) 通过多种分类方法进行比较，选出结果相似的分类。

7.1.4　系统聚类分析方法

计算和确定类间距离是系统聚类分析的前提，类间距离的计算方法不同，系统聚类法也不同。常用的类间距离定义有以下 7 种，对应 7 种系统聚类法，分别为：

(1) 最长距离法：指用两个类别中各数据点间最长的距离代表类间距离，再用距离最小的来合并成类。

(2) 最短距离法：指用两个类别中各数据点间最短的距离代表类间距离，依据此最短距离将其并成一类。

(3) 类平均法：指用介于最长、最短距离之间的距离代表类间距离，再用最小的距离聚类。

(4) 重心法：指用两个类别的重心间距离来表示类间距离，“重心”为各类样品的均值，因而对类有很好的代表性。

(5) 离差平方和法：也称 Ward 法，基本思想来自方差分析，即若分类正确，则类内离差平方和较小、类间离差平方和较大。每次聚类时，离差平方和要增大，此时选择方差增

加最小的两类进行聚合，直到聚类完成。

7.1.5 实例分析

在 R 语言中，factoextra 软件包带有聚类的功能，并且它可以基于 ggplot2 进行可视化(关于 ggplot2 的详细介绍可参考本书的第十章)，其中的 fviz_nbclust()函数可以用来确定聚类分析个数，其一般使用格式为：

```
fviz_nbclust (x, FUNcluster = NULL, method = c ("silhouette", "wss", "gap_stat"), diss = NULL,
 k.max = 10, nboot = 100, verbose = interactive (), barfill = "steelblue", barcolor = "steelblue",
  linecolor = "steelblue", print.summary = TRUE, ...)
```

x：数据集；

FUNcluster：用于聚类的函数，包括 kmeans，cluster::pam，cluster::clara，cluster::fanny，hcut 等；

method：用于评估最佳簇数的指标，包括"silhouette"，"wss"，"gap_stat"；

diss：相异性矩阵，由 dist()函数产生的对象，如果设置为 NULL，那么表示使用 dist(data，method="euclidean")计算数据参数，得到相异性矩阵；

k.max：最大的簇数量，最小值取 2；

nboot：整数，蒙特卡罗(bootstrap)样本的数量，只用于利用间隙统计量确定聚类数目；

verbose：逻辑值，是否输出结果的计算进程；

barfill：填充颜色，barcolor 为外框颜色，linecolor 为线条颜色；

print.summary：逻辑值，是否输出最优聚类个数。

通过 dist()函数进行距离计算，其一般格式为：

```
dist (x, method = "euclidean", diag = FALSE, upper = FALSE, p = 2)
```

x：用于距离的数据，数值型数据；

method：计算距离的方法，包括欧氏距离、最大值距离、曼哈顿距离、明氏距离、二进制距离、对应元素和距离；

diag：逻辑值，是否输出距离矩阵中对角线上的距离值；

p：明氏距离公式中的幂。

通过 hclust()函数进行聚类分析，其一般使用格式为：

```
hclust(d, method = "complete", members = NULL)
```

d：样本的距离数据矩阵；

method：用于聚类的方法，包括最长距离、最短距离、类平均数法、重心法、中间距离法；

members：每个聚群的观测数目，默认是 NULL。

例 7-1 扬州大学农学院小麦育种研究室测定了 25 个小麦品种(系)的 11 个株型指标，结果见表 7-1，试依据这 11 个株型指标对 25 个小麦品种进行聚类分析。

表 7－1　25 个小麦品种的 11 个株型指标

序号	株高	穗下节间长度	剑叶长	剑叶宽	叶基角	剑叶垂度	分蘖数	穗长	穗粗	总小穗数	有效小穗数
1	90.9	35.3	21.8	2.1	85.3	141.3	5.1	9.5	1.3	1.8	15.6
2	84.0	30.1	28.5	2.2	77.4	140.7	10.5	12.4	1.4	22.4	21.3
3	98.1	33.5	21.8	2.2	73.5	132.4	8.3	10.3	1.7	18.9	17.0
4	77.7	30.2	23.7	2.1	26.0	32.0	8.2	11.2	1.8	21.6	19.3
5	76.6	25.0	21.6	2.6	56.0	56.0	4.0	15.6	2.2	33.9	23.3
6	92.9	34.3	28.3	2.5	34.7	125.7	7.2	12.3	1.8	21.7	20.3
7	91.5	28.8	22.2	2.0	34.7	77.3	7.7	10.6	1.2	19.4	18.4
8	82.6	28.9	26.5	2.2	35.0	77.7	8.9	8.3	1.4	21.1	18.7
9	85.3	28.2	26.4	2.2	71.7	144.7	14.7	12.4	1.6	22.6	21.9
10	99.9	30.5	21.6	2.3	24.0	28.0	10.3	11.4	1.3	23.2	21.0
11	76.5	23.4	20.9	1.9	43.5	87.7	4.4	10.1	1.7	19.6	16.0
12	81.3	30.6	29.8	2.0	92.3	140.0	4.9	12.3	1.4	18.5	16.6
13	87.3	29.1	27.4	2.1	119.0	146.7	5.9	11.5	1.5	20.1	17.9
14	76.2	28.3	25.5	1.8	37.7	90.0	6.4	11.1	1.6	19.7	16.7
15	80.7	25.6	21.4	2.3	36.3	27.0	7.4	9.5	1.4	19.7	17.9
16	85.3	32.6	22.2	2.2	28.0	32.0	5.5	10.7	1.6	21.7	19.9
17	83.7	28.8	22.9	1.9	75.3	90.7	5.9	12.2	1.4	23.1	19.5
18	88.0	33.0	22.7	2.2	64.6	138.4	7.1	12.0	1.8	20.4	18.1
19	77.4	27.5	22.9	2.0	58.7	81.7	5.5	10.2	1.6	20.5	18.7
20	68.7	28.1	23.5	2.3	46.0	103.3	6.5	10.0	1.7	19.9	18.9
21	86.3	34.0	24.7	2.0	74.3	130.7	5.6	11.9	1.7	18.2	15.8
22	77.3	27.9	24.6	1.9	33.2	102.0	7.4	11.6	1.6	20.2	17.5
23	82.3	27.7	24.7	2.2	45.7	132.7	6.4	11.9	1.7	20.7	18.6
24	76.4	26.4	23.3	2.1	31.3	119.3	7.4	9.8	1.6	20.0	17.4
25	81.8	30.4	25.4	2.2	90.2	131.8	6.1	10.5	1.6	20.3	18.5

代码 7－1　安装 factoextra 程序包并利用 fviz_nbclus( )函数确定聚类数目。

```
>install.packages("factoextra")
>library(ggplot2)
>library(factoextra)
>wheat <- read.csv("Example7_1.csv", header = TRUE, row.names = 1)
>df <- scale(wheat)
>fviz_nbclust(df, kmeans, method = "wss") + geom_vline(xintercept = 4, linetype = 2)
```

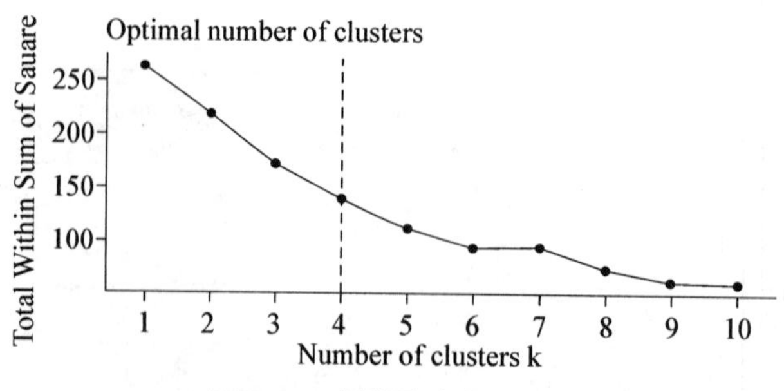

图 7-1　最佳聚类数目分析

通过 install.package()函数安装 factoextra 软件包，利用 library()函数加载所安装的软件包；其次，由 read.csv()函数读入数据，并利用 scale()函数对数据进行标准化处理，利用软件包 factoextra 中的 fviz_nbclust()函数，确定最佳聚类数目。由图 7-1 可以大致判断拐点在 4 附近，因此，确定最佳聚类数目为 4 个，分别利用最长距离法、最短距离法、类平均数法、重心法、中间距离法、离差平方和法进行聚类分析。

代码 7-2　最长距离法聚类分析。

```
>wheat <- read.csv ("Example7_1.csv", header = TRUE, row.names = 1)
>df <- scale(wheat)
>d<-dist (df, method = "euclidean", diag = FALSE, upper = FALSE, p = 2)
>h<-hclust (d, method = "complete", members = NULL)
>plot (h)
>R<-rect.hclust (h,4)
```

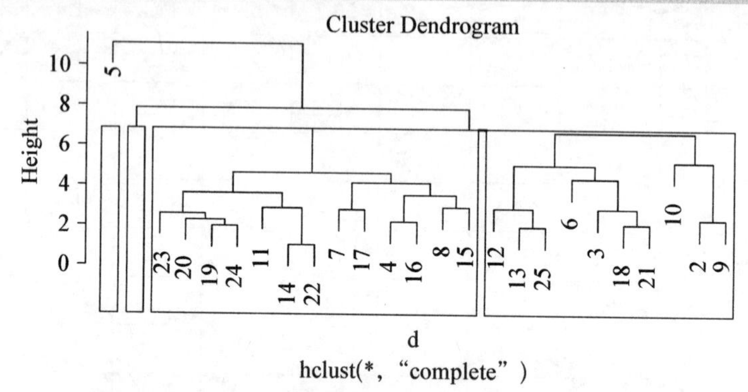

图 7-2　最长距离法聚类分析结果

代码 7-3　最短距离法聚类分析。

```
>wheat <- read.csv ("Example7_1.csv", header = TRUE)
>df <- scale(wheat)
>d<-dist (df, method = "minkowski", diag = FALSE, upper = FALSE, p = 2)
>h<-hclust (d, method = "single", members = NULL)
>plot (h)
>R<-rect.hclust (h,4)
```

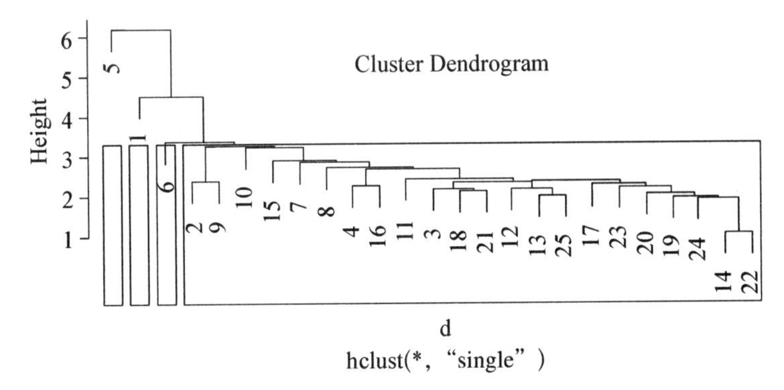

图 7-3　最短距离法聚类分析结果

代码 7-4　类平均数法聚类分析。

```
>wheat <- read.csv ("Example7_1.csv", header = TRUE)
>df <- scale(wheat)
>d<-dist (df, method = "euclidean", diag = FALSE, upper = FALSE, p = 2)
>h<-hclust (d, method = "average", members = NULL)
>plot (h)
>R<-rect.hclust (h,4)
```

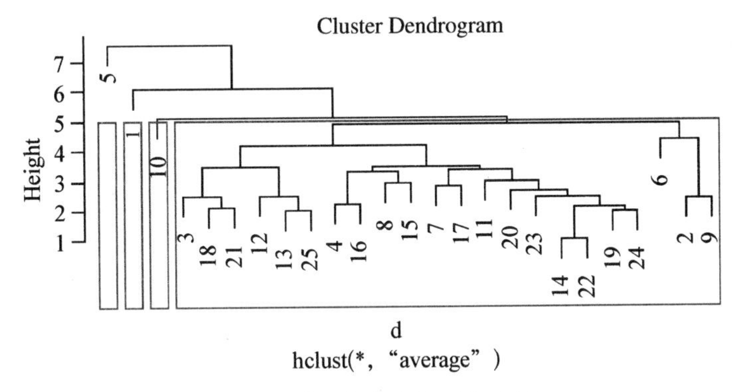

图 7-4　类平均数法聚类分析结果

代码 7-5　重心法聚类分析。

```
>wheat <- read.csv ("Example7_1.csv", header = TRUE)
>df <- scale(wheat)
>d<-dist (df, method = "euclidean", diag = FALSE, upper = FALSE, p = 2)
>h<-hclust (d, method = "centroid", members = NULL)
>plot (h)
>R<-rect.hclust (h,4)
```

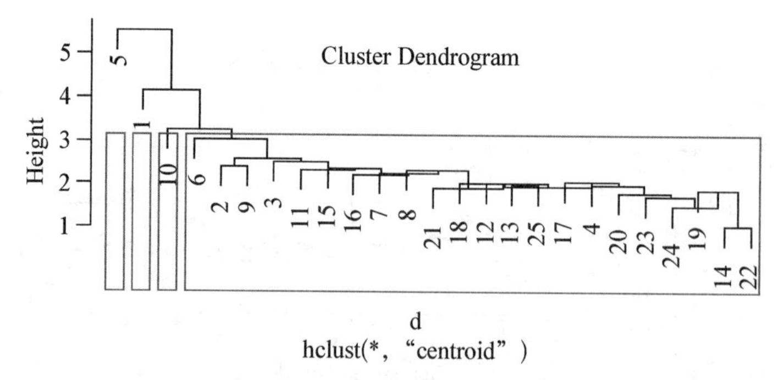

图 7－5 重心法聚类分析结果

代码 7－6 中间距离法聚类分析。

```
>wheat <- read.csv ("Example7_1.csv", header = TRUE)
>df <- scale(wheat)
>d<-dist (df, method = "euclidean", diag = FALSE, upper = FALSE, p = 2)
>h<-hclust (d, method = "median", members = NULL)
>plot (h)
>R<-rect.hclust (h,4)
```

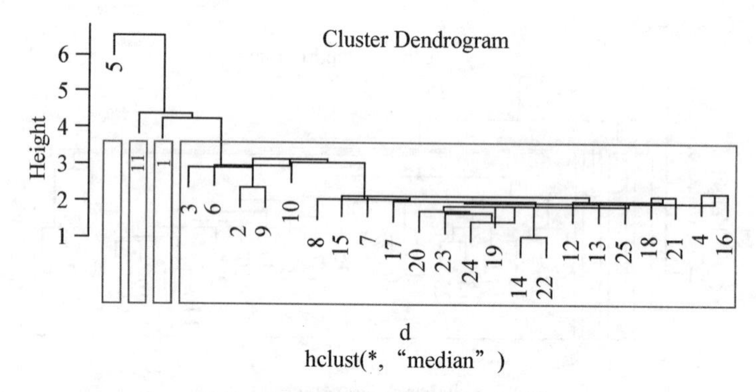

图 7－6 中间距离法聚类分析结果

代码 7－7 离差平方和法聚类分析。

```
>wheat <- read.csv ("Example7_1.csv", header = TRUE)
>df <- scale(wheat)
>d<-dist (df, method = "euclidean", diag = FALSE, upper = FALSE, p = 2)
>h<-hclust (d, method = "ward.D", members = NULL)
>plot (h)
>R<-rect.hclust (h,4)
```

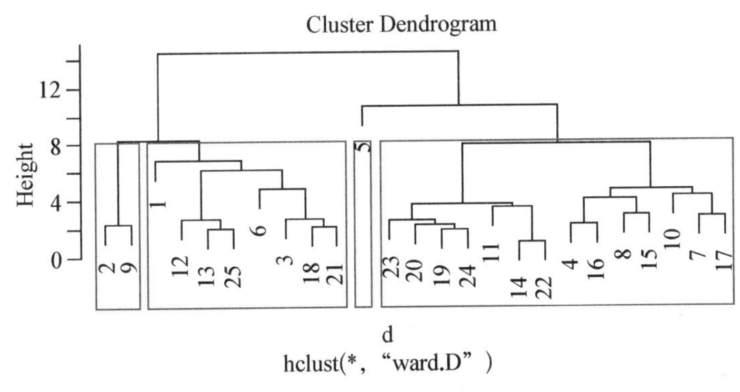

图7-7　离差平方和法聚类分析结果

由dist()函数计算数据标准化后的样本距离,采用了欧式距离和明氏距离两种算法,再利用hclust()函数进行聚类分析。6种不同的聚类分析方法显示,聚类结果不完全相同,但是对于特殊的个体,不论用什么方法,结果基本一致。例如上述例子中的5号样本,无论用哪种聚类方法,5号样本都是自己归为一个类别。每种聚类方法都有自己各自的特点,因此,在进行聚类分析时,可以多种方法共同尝试。

7.2　动态聚类分析

系统聚类法需要计算距离矩阵,当样本量很大时,不仅计算量大且占用很多内存和计算时间,基于此限制,产生了动态聚类方法(dynamical clustering methods)。动态聚类的基本思想是开始粗略地进行分类,然后根据不同最优原则计算方法修改不合理的分类,直到所有分类比较合理为止。动态聚类方法计算量小,内存小,方法简单,适用于大样本运算。本节主要介绍k-均值(k-means)动态聚类方法。

7.2.1　动态聚类的基本原理和流程

k-means算法是根据给定的n个数据对象的数据集,构建k个划分聚类的方法,每个划分聚类即为一个簇。该方法将数据划分为n个簇,每个簇至少有一个数据对象,每个数据对象必须属于而且只能属于一个簇。同时要满足同一簇中的数据对象相似度高,不同簇中的数据对象相似度较小。聚类相似度利用各簇中对象的均值来进行计算。

k-means算法的处理流程如下。首先,随机地选择k个数据对象,每个数据对象代表一个簇中心,即选择k个初始中心;对剩余的每个对象,根据其与各簇中心的相似度(距离),将它赋给与其最相似的簇中心对应的簇;然后重新计算每个簇中所有对象的平均值,作为新的簇中心。不断重复以上这个过程,直到准则函数收敛,也就是簇中心不发生明显的变化。通常采用均方差作为准则函数,即最小化每个点到最近簇中心距离的平方和。新的簇中心计算方法是计算该簇中所有对象的平均值,也就是分别对所有对象的各个维度的值求平均值,从而得到簇的中心点。

k-means 算法也使用“距离”来描述两个数据对象之间的相似度，最常用的是欧氏距离。k-means 算法是当准则函数达到最优或者达到最大的迭代次数时即可终止。当采用欧氏距离时，准则函数一般为最小化数据对象到其簇中心的距离的平方和，即

$$\min\sum_{i=1}^{k}\sum_{x\in ci}\mathrm{dist}(c_i,x)^2$$

其中，k 是簇的个数，c_i 是第 i 个簇的中心点，$\mathrm{dist}(c_i,x)$ 为 x 到 c_i 的距离。

在 R 语言中，可以通过 kmeans()函数进行动态聚类分析，其一般使用格式为：

```
kmeans (x, centers, iter.max = 10, nstart = 1, algorithm = c ("Hartigan-Wong", "Lloyd",
"Forgy", "MacQueen"), trace = FALSE)
```

x：数值型数据集；

centers：预设类别数；

nstart：选择随机起始中心的次数，默认为 1；

algorithm：不同的计算方法；

trace：逻辑值，TRUE 为产生跟踪算法进度的信息。

7.2.2 实例分析

例 7-2 以例 7-1 的数据，进行 k-means 聚类分析。

代码 7-8 k-means 聚类分析。

```
>set.seed(123)
>km_result <- kmeans(df, 4, nstart = 24)
>print(km_result)
    K-means clustering with 4 clusters of sizes 1, 13, 7, 4
    Cluster means:
           株高       穗下节间长度    剑叶长       剑叶宽        叶基角        剑叶垂度
    1 -0.9495626   -1.5047757   -1.0296570   2.4886082    0.008847317  -1.0996131
    2 -0.5237922   -0.5026826   -0.3059778  -0.3828628   -0.588468105  -0.4795878
    3 0.5635368    0.9117148    0.2514093   -0.1391147    1.177957054   0.9149382
    4 0.9535259    0.4144115    0.8118758   0.8656028    -0.151115333   0.2324218
           分蘖数       穗长          穗粗          总小穗数      有效小穗数
    1 -1.3580095   3.09043909   2.91249428   2.77322061   2.4350132
    2 -0.1552744  -0.43142882  -0.10619984   0.03808693  -0.1669387
    3 -0.4168645  -0.02033971  -0.05943866  -0.71365257  -0.7864510
    4 1.5736572    0.66512838  -0.27895643   0.43180430   1.3100867
    Clustering vector:
3 4 3 2 1 4 2 2 4 4 2 3 3 2 2 2 2 3 2 2 3 2 2 2 3
  Within cluster sum of squares by cluster:
  [1] 0.00000   61.66265   42.93836   30.35214
```

```
    (between_SS / total_SS = 48.9 % )
    Available components:
    [1] "cluster" "centers" "totss" "withinss" "tot.withinss" "betweenss" "size" "iter"
"ifault"
  >dd <- cbind (wheat, cluster = km_result $cluster)
  >fviz_cluster(km_result, data = df,
              palette = c ("#2E9FDF", "#00AFBB", "#E7B800", "#FC4E07"),
              ellipse.type = "euclid",
              star.plot = TRUE,
              repel = TRUE,
              ggtheme = theme_minimal()
  )
```

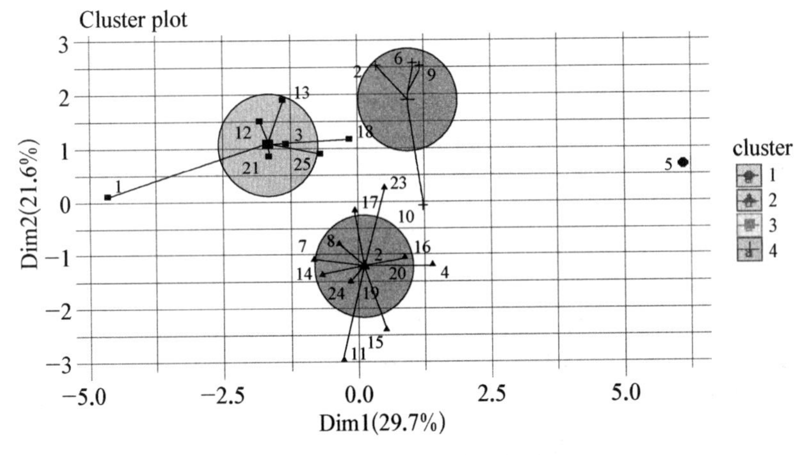

图 7-8　k-means 聚类分析结果

通过 set.seed()函数，确保每次生成一致的随机数，再利用 k-means()函数进行聚类分析，由例 7-1 可知最佳分类数目为 4 个，因此，将 centers 设置为 4，返回结果包括：每一类包含的样本数目，每个分类中各个列生成的最终平均值，每个个体所归属的类别，每个分类内的方差等。上述分析可以得出，25 个样本被分为 4 类。第Ⅰ类包括 1 个个体，主要表现为株高较矮，剑叶较宽，穗长且粗，分蘖数少，有效穗数和穗粒数多；第Ⅱ类包括 13 个个体，主要表现为剑叶窄，叶基角小，穗短；第Ⅲ类包括 7 个个体，主要表现为穗下节间长度较长，叶基角大，剑叶垂度长，有效穗数和穗粒数少；第 IV 类包含 4 个个体，表现为株高较高，剑叶长，分蘖数多，穗细。动态聚类 k-means 的分析结果与系统聚类分析结果不一致，但是第 5 个样本依然被单独聚类，说明第 5 个样本与其他样本存在明显差异。在实际数据分析过程中，根据经验和不同聚类方法的分析结果，选择合适解释数据本身意义的聚类分析方法。

7.3 判别分析

判别分析(Discriminant Analysis)产生于20世纪30年代,是利用已知类别的样本建立判别模型,为未知类别样本判别的一种统计方法。近年来判别分析在自然学科、社会学科和经济管理学科中应用广泛。判别分析根据数据资料性质,分为定性资料判别分析和定量资料判别分析。根据判别的组数来区分,分为两组判别分析和多组判别分析。常用的判别分析方法包括最大似然法、距离判别法、Fisher判别法、Bayes判别法、逐步判别法等,其中最大似然法用于自变量均为分类变量的情况,其余均适用于连续性数据资料。

7.3.1 判别分析的原理及应用

判别分析的基本原理可以表述为:在一个 P 维空间 R 中,有 K 个已知的总体中的一个,判别分析所要解决的问题是确定这个样本点 X 具体应该属于哪一个 G 总体。判别分析时,通常需要将数据分为两部分,一部分是训练模型数据,一部分是验证模型数据。首先通过训练模型数据训练拟合出一个模型,接着再利用验证模型数据验证模型效果。如果在测试集数据上,也表现良好,那么说明拟合模型非常好,后面可以利用此模型用于预测其他“没有确定类别”的数据,来预测新数据的类别情况。

判别分析被广泛用于预测判断事物的类别归属,同时可以应用于确定哪些预测变量与因变量相关,并在给定预测变量某些值的情况下预测因变量的值。

在R语言中,WMDB包可以实现加权马氏距离判别分析和Bayes判别分析,MASS包可以实现Fisher判别分析。距离判别分析的函数为wmd(),书写格式如下:

```
wmd(Trnx,TrnG,Tweight = NULL, var.equal = F)
```

Trnx:训练样本数据;

TrnG:为分类结果;

Tweigh:指定权重,可以根据主成分贡献计算或者取相等(原始的判别分析法);

var.equal:指定协方差矩阵是否相等。

Bayes判别分析函数为dbayes,书写格式如下:

```
dbayes(Trnx,TrnG,p = rep(1,length(levels(TrnG))), var.equal = F)
```

Trnx:是训练样本数据;

TrnG:为分类结果;

p:为指定先验概率的向量;

var.equal:指定协方差矩阵是否相等。

Fisher判别分析的函数为lda(),该函数根据是否使用formula,有两种不同书写格式:

```
lda(formula, data, ..., subset, na.action)
```

formula:形如 groups～x1＋x2＋……的形式；

data:为数据集；

subset:指定训练样本；

na.action:指定缺失值处理方式。

```
lda(x, grouping, ..., subset, na.action)
```

x:为数据集；

grouping:为指定分类；

subset:指定训练样本；

na.action:指定缺失值处理方式。

7.3.2　实例分析

例 7－3　为研究舒张期血压与血浆胆固醇对冠心病的作用，调查了 50—59 岁的冠心病人 16 例和正常人 16 例。他们的舒张压(x_1)与血浆胆固醇(x_2)列在表 7－2 中。试用判别分析法建立判别冠心病与正常人的判别函数。试用该判别函数判别表 7－3 中给出的 10 个新样本的分类。

表 7－2　冠心病组与正常组的舒张压和胆固醇数据

冠心病组			正常组		
ID	x_1	x_2	ID	x_1	x_2
1	9.86	5.18	1	10.66	2.07
2	13.33	3.73	2	12.53	4.45
3	14.66	3.89	3	13.33	3.06
4	9.33	7.10	4	9.33	3.94
5	12.80	5.49	5	10.66	4.45
6	10.66	4.09	6	10.66	4.92
7	10.66	4.45	7	9.33	3.68
8	13.33	3.63	8	10.66	2.77
9	13.33	5.96	9	10.66	3.21
10	13.33	5.70	10	10.66	5.02
11	12.00	6.19	11	10.40	3.94
12	14.66	4.01	12	9.33	4.92
13	13.33	4.01	13	10.66	2.69
14	12.80	3.63	14	10.66	2.43
15	13.33	5.96	15	11.20	3.42
16	12.49	4.87	16	9.33	3.63

表 7-3　10 个新样本的舒张压和胆固醇数据

ID	x_1	x_2	ID	x_1	x_2
1	9.06	5.68	6	11.66	2.17
2	13.00	3.43	7	12.11	4.12
3	12.66	2.82	8	12.63	3.26
4	9.00	6.86	9	8.33	2.91
5	12.12	5.19	10	11.12	4.22

代码 7-9　Fisher 判别分析。

```
>train<-read.csv (file="Example7_3_1.csv",row.names = 1)
>predict<-read.csv (file="Example7_3_2.csv",row.names = 1)
>library(MASS)
>la<-lda (group ~ x1+x2, data=train)
>la
Call:
lda(group ~ x1 + x2, data = data1)
Prior probabilities of groups:
  1   2
0.5 0.5
Group means:
        x1        x2
1 12.49375 4.868125
2 10.62875 3.662500
Coefficients of linear discriminants:
          LD1
x1 -0.6487891
x2 -0.8138793
>Predict<-predict(la)
>newGroup<-Predict$class
>result<-cbind(train$group , Predict$x, newGroup)
>tab<-table(train$group, newGroup)
>error<- 1-sum(diag(prop.table(tab)))
>error
0.1875
>chisq.test(train$group,newGroup)
Pearson's Chi-squared test with Yates' continuity correction
data:  train$group and newGroup
X-squared = 10.125, df = 1, p-value = 0.001463
```

```
>predict(la,predict)
$class
[1] 2 1 2 1 1 2 1 2 2 2
Levels: 1 2
$posterior
             1          2
1  0.2625143916 0.73748561
2  0.6354566389 0.36454336
3  0.2658990856 0.73410091
4  0.7283295771 0.27167042
5  0.9200792063 0.07992079
6  0.0266909385 0.97330906
7  0.6273762421 0.37262376
8  0.4320514408 0.56794856
9  0.0009013301 0.99909867
10 0.3300166338 0.66998337
$x
         LD1
1   0.4713988
2  -0.2536017
3   0.4634530
4  -0.4500515
5  -1.1150949
6   1.6412636
7  -0.2377562
8   0.1248097
9   3.1994605
10  0.3231571
```

首先,读入训练群体和预测群体数据集,然后执行 lda()函数,利用训练群体进行判别函数的构建,由分析结果可得判别函数为 $y=-0.648\ 789\ 1x_1-0.813\ 879\ 3x_2$。利用构建的判别函数对训练群体进行预测,发现有 6 个个体预测错误,准确度为 0.8125。然而准确度并不是一个绝对的判断判别函数准确与否的标准,这时我们可以对真实的样本分类和预测分类做卡方检验,用检验的 p 值来判断判别分析的准确程度。chisq.test()函数的结果显示,$p=0.001\ 463$,达到极显著水平,说明判别分析的预测结果和真实值比较一致。进而对预测群体进行预测,结果显示样本 1、3、6、8、9、10 属于第一分类,其余样本属于第二分类。

代码 7-10　距离判别分析。

```
>library(WMDB)
>train<-read.csv (file="Example7_3_1.csv",row.names = 1)
```

```
>X<-train[,c(1:2)]
>G<-factor(train$group)
>Result<-wmd(X,G)
>Result
        1 2 3 4 5 6 7 8 9 10 11 12 13 14 15 16 17 18 19 20 21 22 23 24 25 26 27 28 29 30 31 32
blong  2 1 1 1 1 2 2 1 1 1 1  1 1 1 1 2  1  1  2  2  1  2  2  2  1  2  2  2 2  2  2
[1] "num of wrong judgement"
[1]  1 6 7 18 19 22 26
[1] "samples divided to"
[1] 2 2 2 1 1 1 1
[1] "samples actually belongs to"
[1] 1 1 1 2 2 2 2
Levels: 1 2
[1] "percent of right judgement"
[1] 0.78125
```

代码 7 - 11　Bayes 判别分析。

```
>train<-read.csv (file="Example7_3_1.csv",row.names = 1)
>X<-train[ ,c(1:2)]
>G<-factor(train$group)
>Result<-dbayes(X,G,p=rep(1,length(levels(G))),var.equal=F)
>Result
        1 2 3 4 5 6 7 8 9 10 11 12 13 14 15 16 17 18 19 20 21 22 23 24 25 26 27 28 29 30 31 32
blong 1 1 1 1 1 2 2 1 1 1  1  1 1  1  1 1  2  1 1  2  2  1 2  2  2 1  2 2  2  2 2  2
[1] "num of wrong judgement"
[1]  6 7 18 19 22 26
[1] "samples divided to"
[1] 2 2 1 1 1 1
[1] "samples actually belongs to"
[1] 1 1 2 2 2 2
Levels: 1 2
[1] "percent of right judgement"
[1] 0.8125
```

利用 WMDB 程序包中的 wmd()函数和 dbayes()函数分别进行距离判别分析和 Bayes 判别分析。两个函数返回结果都包括 4 部分:判错个体,判错个体分类,判错个体实际分类和判断准确率。由分析结果可知,距离判别分析准确率为 0.781 25,Bayes 判别分析准确率为 0.812 5。综合 3 种分析方法,距离判别分析准确率最低,Bayes 和 Fisher 方法准确率一样。但是,WMDB 包的两个函数没有提供预测功能,建议用 MASS 包中 lda()函数的 Fisher 方法进行判别分析。

练习题

7-1　在葡萄酒的质量评比中，由专家对每种酒的色、香、味、甜度等 10 项指标进行打分(满分为 10 分)，现有 12 种酒，对每种酒取样 25 次，分别进行打分，然后取平均值得到每种酒的各项指标平均得分数据如下表。

(1) 试用系统聚类方法对这 12 种葡萄酒进行分类。

(2) 利用动态聚类法将这 12 种葡萄酒分成 3 类。

酒号	指　　标									
	x_1	x_2	x_3	x_4	x_5	x_6	x_7	x_8	x_9	x_{10}
1	4.58	4.96	6.02	5.43	5.39	4.66	4.23	4.22	4.14	4.39
2	4.56	5.13	6.68	7.15	6.45	3.32	3.64	4.22	4.28	3.59
3	6.13	6.29	7.05	6.76	6.63	6.52	6.81	7.21	6.83	7.35
4	6.08	6.73	6.56	5.8	5.48	5.77	6	5.96	5.68	5.75
5	6.2	6.75	6.23	6.58	5.49	5.02	6.31	6.28	6.18	5.76
6	7.4	7.27	6.75	6.7	6.82	6.27	6.25	5.04	6.38	5.16
7	8.05	6.84	6.72	6.34	5.9	7.82	7.02	6.29	6.73	6.11
8	7.8	6.59	6.42	6.18	5.78	7.6	6.57	5.94	5.91	5.21
9	6.97	5.31	5.25	4.83	4.21	6.73	5.06	4.73	4.16	5.25
10	6.87	6.86	6.23	5.56	4.96	5.6	5.77	4.49	3.87	3.34
11	7.6	6.6	5.8	5.32	5.33	6.9	6.35	5.51	5.49	5.67
12	9.96	5.61	4.34	4.28	4.15	6.46	5.7	5.31	4.77	4.19

7-2　1991 年全国各省、市、自治区城镇居民月平均收入情况见下表，其中 1～11 号省份为第一类；12～22 号省份为第二类，23～28 号省份为第三类。对 30 个地区分别考察了其人均生活收入(x_1)、人均全民所有制职工工资(x_2)、人均国有经济单位标准工资(x_3)、人均集体所有制工资(x_4)、人均集体职工标准工资(x_5)、人均各种奖金及超额工资(x_6)、人均各种津贴(x_7)、职工人均从工作单位得到的其他收入(x_8)和个体劳动者收入(x_9)。试判定广东、西藏两省区属于哪种收入类型。

地区	类型	x_1	x_2	x_3	x_4	x_5	x_6	x_7	x_8	x_9
北京	1	170.03	110.03	59.76	8.33	4.49	26.8	16.44	11.9	0.41
天津	1	141.56	82.65	50.96	13.45	9.33	21.3	12.86	9.2	1.05
河北	1	119.40	83.33	53.45	11.00	7.52	17.3	11.79	12.0	0.70
上海	1	194.53	107.22	60.24	15.62	8.88	31.0	21.01	11.8	0.16

续 表

地区	类型	x_1	x_2	x_3	x_4	x_5	x_6	x_7	x_8	x_9
山东	1	130.46	86.22	52.63	15.95	8.50	20.5	12.14	9.6	0.47
湖北	1	119.29	85.41	53.03	13.10	8.44	19.9	16.47	8.4	0.51
广西	1	134.46	58.61	48.56	8.92	4.65	21.5	26.12	13.6	4.56
海南	1	143.79	59.97	45.62	6.32	1.56	18.7	29.49	11.8	3.82
四川	1	128.06	74.96	50.26	13.93	9.62	16.1	10.18	14.5	1.21
云南	1	127.41	93.56	50.67	10.53	5.84	19.4	21.20	12.6	0.90
新疆	1	122.96	101.45	69.70	6.32	9.86	11.3	18.96	5.8	4.62
山西	2	102.49	71.52	47372	9.42	6.69	13.2	7.92	6.7	0.61
内蒙古	2	106.14	76.27	46.19	9.95	6.27	9.7	20.10	7.1	0.56
吉林	2	104.93	72.99	44.60	13.52	9.01	9.4	20.61	6.6	1.68
黑龙江	2	103.34	62.99	42.95	11.45	7.41	8.3	10.19	6.4	2.68
江西	2	96.09	69.54	43.65	11.62	7.95	10.6	16.62	7.7	1.08
河南	2	104.12	72.23	47.41	9.48	6.43	13.1	10.43	8.3	1.11
贵州	2	106.49	80.79	47.85	6.06	3.42	13.7	16.69	8.4	2.85
陕西	2	113.99	76.60	58.82	5.21	3.86	12.9	9.49	6.8	1.27
甘肃	2	114.09	84.21	52.45	7.97	6.44	10.5	16.43	3.8	1.19
青海	2	108.80	80.64	50.78	7.21	4.07	8.4	18.89	6.0	0.83
宁夏	2	113.80	88.21	51.56	8.81	5.56	14.0	22.65	4.0	0.97
辽宁	3	128.45	68.91	43.78	22.45	15.42	13.5	12.42	9.0	1.41
江苏	3	135.24	73.84	44.54	23.54	15.52	22.4	9.66	13.9	1.19
浙江	3	162.53	80.22	45.21	24.33	13.90	29.4	10.90	13.0	3.47
安徽	3	111.77	71.55	43.87	19.40	12.50	16.7	9.72	7.0	0.63
福建	3	139.09	79.09	44.19	18.50	10.65	20.5	16.47	7.7	3.08
湖南	3	124.05	84.66	44.05	13.65	7.45	19.5	20.65	10.3	1.76
广东		211.30	114.00	41.61	33.54	11.2	48.6	30.65	14.9	11.10
西藏		175.93	163.80	57.21	4.21	3.37	17.4	82.41	15.7	0.00

第8章

主成分分析和因子分析

在多元统计分析处理中，往往由于变量个数太多，并且彼此之间存在着一定的相关性，从而使得所观测到的数据在一定程度上反映的信息有所重叠。当变量较多时，在高维空间中研究样本的分布规律比较困难，分析过程也更加复杂。主成分分析与因子分析方法都是用较少的综合变量来代替原来较多的变量，并且综合变量彼此之间互不相关，利用这种降维的思想达到简化统计分析的目的。

8.1 主成分分析

主成分分析(Principal Component Analysis，PCA)是一种降维技术，最早由 Pearson(1901)提出，后来被 Hotelling(1933)发展。PCA 是利用降维(线性变换)的思想，在损失很少信息的前提下把多个指标转化为几个不相关的综合指标(主成分)，能够反映原始变量的大部分信息(必须保留原始变量 90%以上的信息)，各个主成分是原始变量的线性组合，且各个主成分之间是线性不相关的，使得主成分比原始变量具有某些更优越的性能，从而达到简化系统结构，抓住问题实质的目的。

8.1.1 主成分分析基本原理与应用

主成分分析的基本原理是将原来众多具有一定相关性的变量，重新组合成一组新的相互不相关的综合变量来代替原来的变量。统计学上的处理方式是将原始变量做线性组合。设 $\boldsymbol{X}$ 有 p 个指标，分别用 $X_1,X_2,\cdots,X_p$ 表示，这 p 个指标构成 p 维随机变量 $\boldsymbol{X}=(X_1,X_2,\cdots,X_p)^{\mathrm{T}}$，设随机变量 $\boldsymbol{X}$ 的均值为 μ，对 $\boldsymbol{X}$ 进行线性变换，可以形成新的综合变量，用 $\boldsymbol{Y}$ 表示，即满足下式：

$$\begin{cases} Y_1=\mu_{11}X_1+\mu_{21}X_2+\cdots+\mu_{p1}X_p \\ Y_2=\mu_{12}X_1+\mu_{22}X_2+\cdots+\mu_{p2}X_p \\ \qquad\cdots \\ Y_p=\mu_{1p}X_1+\mu_{2p}X_2+\cdots+\mu_{pp}X_p \end{cases}$$

作为新的综合统计量 $\boldsymbol{Y}$，如果不加任何限制，可以任意地对原始变量进行上述变化，因此，将线性变化进行了条件约束：

① $\mu'_i\mu_i = 1(i=1,2,\cdots,p)$；

② Y_i 与 Y_j 线性不相关；

③ Y_1是所有线性组合中方差最大者，Y_2是与 Y_1线性不相关的剩余线性组中的最大方差者，依次类推可知，Y_1方差大于 Y_2方差，Y_2方差大于 Y_3方差，Y_{p-1}方差大于 Y_p方差，即有 p 个主成分，其中各个主成分在总方差所占比重依次递减。

在实际工作中，通常选取前 k 个方差最大的主成分，使其解释的累计方差占总方差的85%以上，从而将 p 维向量简化为 k 维向量，达到简化数据结构，抓住主要问题实质的目的。

主成分分析有以下三个方面的应用。第一，可以对原始指标进行综合。主成分分析的主要作用是在基本保留原始指标信息的前提下，以互不相关的较少个数的综合指标来反映原始指标所提供的信息。第二，可以探索多个原始指标对个体特征的影响。对于多个原始指标，求出主成分后，可以进一步探索各主成分与多个原始指标之间的相互关系，分析各原始指标对各主成分的影响作用。第三，可以对样本进行分类。求出主成分后，如果各主成分的专业意义较为明显，可以利用各样品的主成分得分来进行样品的分类。

8.1.2 主成分分析步骤

根据主成分分析的数学模型，假定样本观测数据为：$\boldsymbol{X}=\begin{pmatrix} x_{11} & x_{12} & \cdots & x_{1p} \\ x_{21} & x_{22} & \cdots & x_{2p} \\ \vdots & \vdots & & \vdots \\ x_{n1} & x_{n2} & \cdots & x_{np} \end{pmatrix}$，进行主成分分析时，有以下几个步骤：

第一步　对原始数据进行标准化处理；

第二步　计算样本相关系数矩阵；

第三步　计算特征值和特征向量；

第四步　计算主成分荷载；

第五步　计算主成分得分。

在 R 语言做 PCA 分析有两个函数可以调用，分别是 princomp()和 prcomp()。princomp()函数可以从相关矩阵或者从协方差矩阵做主成分分析，R 代码如下：

```
princomp(x, cor = FALSE, scores = TRUE, covmat = NULL, subset = rep(TRUE, nrow(as.matrix
(x))), ...)
```

x：数据集；

cor：逻辑值，是否计算相关系数；

scores：是否计算主成分得分；

subset：提取小数据集。

prcomp()函数可以利用奇异值分解的算法做主成分分析，R 代码如下：

```
prcomp(x, retx = TRUE, center = TRUE, scale. = FALSE, tol = NULL, ...)
```

x:数据集;
retx:逻辑值,是否旋转变量;
center:数据中心化;
scale:数据标准化;
tol:指定最低的成分量级,低于该成分量级的被忽略。

8.1.3　实例分析

例 8-1　表 8-1 给出了水稻 10 个单株 8 种表型值,试进行主成分分析。

表 8-1　10 个水稻单株的 8 种表型值数据

株系 ID	产量 Yield	粒数 GN	结实率 SSR	千粒重 TGW	株高 PH	穗长 PL	粒长 GL	粒宽 GW
Line1	45.9	167.2	0.92	25.05	129.7	26.2	7.7	3.1
Line2	41.1	170.7	0.77	27.0	107.7	19.7	8.2	3.1
Line3	35.9	148.4	0.82	27.7	96.7	25.3	7.7	3.2
Line4	45.2	199.9	0.85	25.3	116.3	22.9	8.0	2.9
Line5	41.2	165.8	0.69	27.1	99.3	19.5	8.3	3.0
Line6	47.7	190.1	0.67	27.8	103.7	21.8	7.9	3.1
Line7	58.7	204.9	0.87	26.2	117.2	22.2	7.9	3.1
Line8	37.9	133.5	0.84	32.6	110.1	22.2	7.5	3.5
Line9	69.9	210.8	0.93	28.5	133.7	23.5	8.3	3.1
Line10	24.6	115.9	0.67	28.1	111.7	17.2	7.1	3.3

代码 8-1　主成分分析。

```
> data <- read.csv ("Example8_1.csv", header = TRUE, row.names = 1)
> pca.result <- princomp(data,cor = TRUE, scores = TRUE)
> summary(pca.result)
Importance of components:
                          Comp.1    Comp.2    Comp.3     Comp.4      Comp.5
Standard deviation     2.0144214 1.3847981 0.9911280 0.81933551 0.46624247
Proportion of Variance 0.5072367 0.2397082 0.1227918 0.08391383 0.02717275
Cumulative Proportion  0.5072367 0.7469449 0.8697368 0.95365060 0.98082335
                           Comp.6      Comp.7      Comp.8
Standard deviation     0.29660649 0.226695355 0.118519941
Proportion of Variance 0.01099693 0.006423848 0.001755872
Cumulative Proportion  0.99182028 0.998244128 1.000000000
> pca.result $loading
```

```
Loadings:
       Comp.1 Comp.2 Comp.3 Comp.4 Comp.5 Comp.6 Comp.7 Comp.8
Yield   0.435  0.124  0.392  0.107  0.356         0.471  0.531
GN      0.457 -0.137  0.219         0.489  0.290 -0.353 -0.526
SSR     0.330  0.489 -0.132        -0.435  0.634 -0.131  0.133
TGW    -0.276  0.357  0.652 -0.131        -0.177 -0.539  0.181
PH      0.303  0.382 -0.115  0.679 -0.154 -0.467 -0.110 -0.185
PL      0.278  0.371 -0.319 -0.666  0.199 -0.443
GL      0.355 -0.301  0.437 -0.241 -0.611 -0.216  0.208 -0.267
GW     -0.349  0.475  0.226                0.147  0.540 -0.530

               Comp.1 Comp.2 Comp.3 Comp.4 Comp.5 Comp.6 Comp.7 Comp.8
SS loadings     1.000  1.000  1.000  1.000  1.000  1.000  1.000  1.000
Proportion Var  0.125  0.125  0.125  0.125  0.125  0.125  0.125  0.125
Cumulative Var  0.125  0.250  0.375  0.500  0.625  0.750  0.875  1.000
>PC1<-pca.result$scores[,1]
>PC2<-pca.result$scores[,2]
>plot(PC1,PC2)
```

首先，读入数据集。然后，利用 princomp 函数进行主成分分析，再利用 summary 函数获取主成分分析结果的相关信息。执行上述程序，返回结果主要包括：每个主成分解释总数据的方差比率和所有主成分解释总数据的累计方差比率，每个主成分载荷矩阵系数，每个个体主成分得分等。输出结果表明第一主成分 PC1 和第二主成分 PC2 的方差分别为 4.04(2.01^2)和 1.904 4(1.38^2)，贡献率分别为 0.507 和 0.240。然后，输出主成分载荷矩阵系数，据此可以写出由标准化变量所表达的主成分的关系式，PC1 和 PC2 的表达式如下：

$$PC1 = 0.435x_1 + 0.457x_2 + 0.330x_3 - 0.276x_4 + 0.303x_5 + 0.278x_6 + 0.355x_7 - 0.349x_8$$

$$PC2 = 0.124x_1 - 0.137x_2 + 0.489x_3 + 0.357x_4 + 0.382x_5 + 0.371x_6 - 0.301x_7 + 0.475x_8$$

最后提取 PC1 和和 PC2 的主成分得分，利用 plot 函数绘制主成分得分图(如图 8-1)。

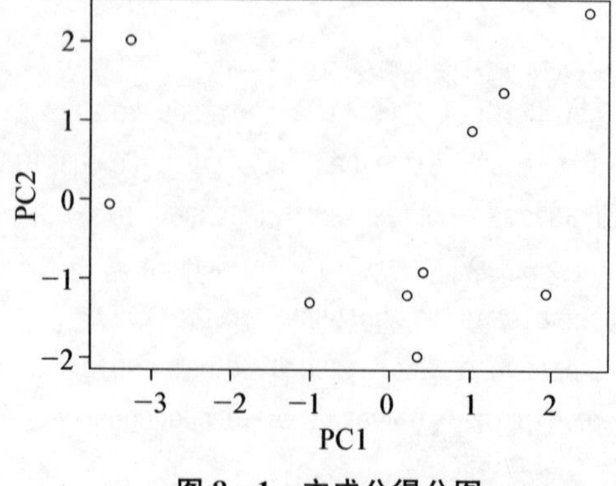

图 8-1 主成分得分图

8.2　因子分析

因子分析(Factor Analysis,FA)最早由英国心理学家 Spearman C.E.提出,是从分析多变量数据的相关关系入手,找到支配这种相关关系的少数几个相对独立的潜在因子,达到减少变量数目的目的,并通过建立起这些潜在因子与原变量之间的数量关系来预测潜在因子的状态,帮助发现隐藏在原变量之间的某种客观规律性。例如,随着年龄的增长,儿童的身高、体重会随着变化,具有一定的相关性,这是因为存在着一个同时支配或影响着身高与体重的生长因子。因子分析就是从大量的数据中"由表及里""去粗存精",寻找影响或支配变量的多变量统计方法。

8.2.1　因子分析基本原理与应用

因子分析基本原理:利用降维的思想,由研究原始变量相关矩阵内部的依赖关系出发,把一些具有错综复杂关系的变量表示成由少数的公共因子和仅对某一个变量有作用的特殊因子线性组合而成。就是要从数据中提取对变量起解释作用的少数公共因子,因子分析是主成分分析的推广,相对于主成分分析,更倾向于描述原始变量之间的相关关系。因子分析的数学表达式为:$\boldsymbol{X}=\boldsymbol{\mu}+\boldsymbol{AF}$,即:

$$\begin{cases}\boldsymbol{X}_1=\mu_1+a_{11}f_1+a_{12}f_2+\cdots+a_{1k}f_k \\ \boldsymbol{X}_2=\mu_2+a_{21}f_1+a_{22}f_2+\cdots+a_{2k}f_k \quad (k\leqslant p) \\ \qquad\cdots \\ \boldsymbol{X}_p=\mu_p+a_{p1}f_1+a_{p2}f_2+\cdots+a_{pk}f_k\end{cases}$$

模型中,向量 $\boldsymbol{X}(x_1,x_2,x_3,\cdots,x_p)$ 是原始观测变量,$\boldsymbol{F}(f_1,f_2,f_3,\cdots,f_k)$ 是 $\boldsymbol{X}(x_1,x_2,x_3,\cdots,x_p)$ 的公共因子,是相互独立的不可观测的理论变量。$\boldsymbol{A}(a_{ij})$ 是公共因子 $\boldsymbol{F}(f_1,f_2,f_3,\cdots,f_k)$ 的系数,称为载荷矩阵。$a_{ij}(i=1,2,\cdots,p;j=1,2,\cdots,k)$ 称为因子载荷,是第 i 个原有变量在第 j 个因子上的负荷,a_{ij} 的绝对值越大,表明公共因子 f_j 对于 x_i 的载荷量越大。$\boldsymbol{U}(\mu_1,\mu_2,\mu_3,\cdots,\mu_p)$ 是 $\boldsymbol{X}(x_1,x_2,x_3,\cdots,x_p)$ 的特殊因子,是不能被前 k 个公因子包含的部分,这种因子是不可观测的。各个特殊因子之间以及特殊因子和公共因子之间都是相互独立的。

因子分析的目的不仅仅是要找出公共因子以及对变量进行分组,更重要的是要知道每个公共因子的意义,以便进行进一步的分析。如果每个公共因子的含义不清,则不便于进行实际背景的解释。初始因子的综合性太强,难以找出因子的实际意义。由于因子载荷阵是不唯一的,当因子难以解释的时候,可以使用因子旋转来增强解释度,使因子载荷阵的结构简化,使其每列或行的元素平方值向 0 和 1 两极分化。

因子旋转主要包括正交旋转和斜交旋转,正交旋转所得结果即为因子载荷矩阵。斜交旋转时,会考虑三个矩阵:因子结构矩阵、因子模式矩阵和因子关联矩阵。因子结构矩阵:即因子载荷矩阵,变量与因子的相关系数。因子模式矩阵:即标准化的回归系数矩阵,列出了因子预测变量的权重。因子关联矩阵：因子相关系数矩阵。这三者的关系：因子结构阵=因子模式矩阵×因子关联矩阵。可以使用自定义函数来求得斜交旋转之后的因子结构阵。

因子分析主要用于：① 减少分析变量个数；② 通过对变量间相关关系的探测，对原始变量进行分类，即将相关性高的变量分为一组，用共同的潜在因子代替该组变量。

在R中，用于完成因子分析的函数是 factanal()，该函数从样本、样本方差或样本协方差出发对数据做因子分析，采用极大似然法估计参数，还可以直接给出方差最大的载荷因子矩阵，其基本格式为：

```
factanal(x, factors, data = NULL, covmat = NULL, n.obs = NA, subset, na.action, start = NULL, scores = c ("none", "regression", "Bartlett"), rotation = "varimax", control = NULL, ...)
```

x：指定一个因子分析的对象，可以为公式、数据框和矩阵；

factors：指定公共因子的个数；

data：数据框，当参数 x 为公式时使用；

covmat：指定样本协方差矩阵或样本相关矩阵；

n.obs：整数，指定观测样本的个数；

subset：指定可选向量，表示选择的样本子集；

na.action：一个函数，指定缺失数据的处理方法，若为 NULL，则使用函数 na.omit() 删除缺失数据；

start：指定特殊方差的初始值，可以为 NULL 或一个矩阵，默认值是 NULL；

scores：字符串，指定因子得分的计算方法，"none"表示不计算因子得分，"regression"表示用回归方法计算因子得分，"Bartlett"表示用 Bartlett 法计算因子得分，默认值为"none"；

rotation：字符串，指定因子载荷矩阵的旋转方法，"varimax"表示方差最大旋转法，若为 none 则表示不做旋转；

control：模型中因子对照的列表，默认值为 NULL。

此外，也可以使用 psych 包对数据进行因子分析。其中，fa() 函数进行因子分析，fa.parallel() 函数生成碎石图，其基本格式为：

```
fa (r, nfactors = 1, n.obs = NA, n.iter = 1, rotate = "none", scores = "regression",
    fm = "minres", cor = "cor",...)
```

r：相关系数矩阵或原始数据矩阵；

nfactors：设定主提取的公因子数（默认为 1）；

n.obs：观测数（输入相关系数矩阵时需要填写）；

rotate：设定旋转的方法；

scores：设定是否需要计算因子得分（默认不需要）；

fm：设定因子化方法（默认极小残差法）；

cor：计算相关系数的方法（默认皮尔逊相关系数）。

8.2.2　实例分析

例 8－2　表 8－2 展示了 6 个城市的几项生活相关指标，试对其进行因子分析。

城市	人口	教育	佣人	服务	房价
1	5 700	12.8	2 500	270	25 000
2	1 000	10.9	600	10	10 000
3	3 400	8.8	1 000	10	9 000
4	3 800	13.6	1 700	140	25 000
6	8 200	8.3	2 600	60	12 000

代码 8－2　利用 psych 包进行因子分析(方差不旋转法)。

```
>install.packages("psych")
>library(psych)
>data<-read.csv(file="Example8_2.csv",row.names=1)
>data_cor<- cor(data)
>fa.parallel(data_cor, n.obs = 112, fa = "both", n.iter = 100)
Parallel analysis suggests that the number of factors = 2 and the number of components = 2
>fa_model<- fa(data_cor, nfactors = 2, rotate = "none", fm = "ml")
>print(fa_model)
Factor Analysis using method = ml
Call: fa(r = data_cor, nfactors = 2, rotate = "none", fm = "ml")
Standardized loadings (pattern matrix) based upon correlation matrix
     ML2   ML1   h2    u2     com
人口 0.49   0.87  1.00  0.0048  1.6
教育 0.70  -0.71  1.00  0.0047  2.0
佣人 0.74   0.65  0.98  0.0193  2.0
服务 0.92  -0.10  0.85  0.1495  1.0
房价 0.92  -0.34  0.97  0.0321  1.3
                       ML2   ML1
SS loadings            2.97  1.81
Proportion Var         0.59  0.36
Cumulative Var         0.59  0.96
Proportion Explained   0.62  0.38
Cumulative Proportion  0.62  1.00
Mean item complexity = 1.6
Test of the hypothesis that 2 factors are sufficient.
```

```
The degrees of freedom for the null model are 10 and the objective function was 13.96
The degrees of freedom for the model are 1 and the objective function was 4.94
The root mean square of the residuals (RMSR) is      0.01
The df corrected root mean square of the residuals is    0.04
Fit based upon off diagonal values = 1
Measures of factor score adequacy
                                                  ML2   ML1
Correlation of (regression) scores with factors     1.00   1.00
Multiple R square of scores with factors           1.00   1.00
Minimum correlation of possible factor scores      0.99   0.99
>fa.diagram(fa_model, simple = FALSE)
```

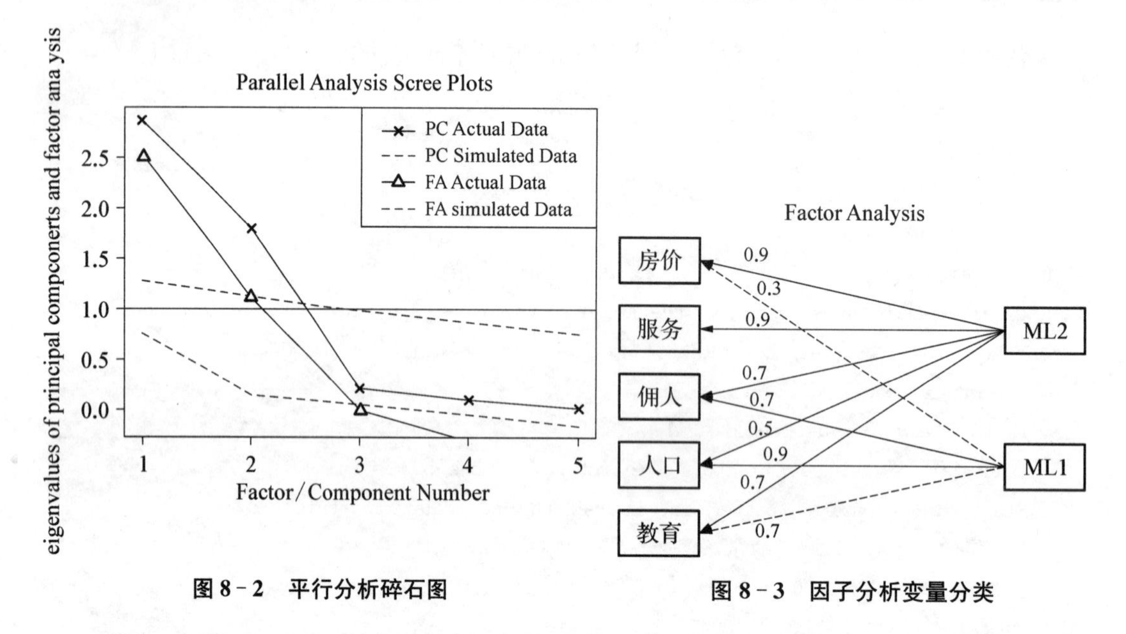

图 8-2　平行分析碎石图　　　　图 8-3　因子分析变量分类

首先,安装 psych 包,读入数据。之后利用 cor()函数计算相关系数矩阵,并利用 fa.parallel()生成碎石图,取特征值大于 1 的因子,可得到最佳公因子数目(如图 8-2),并利用 fa ()函数进行因子分析,fa()函数默认载荷矩阵不旋转,输出结果主要包括:载荷矩阵,包括第一公因子和第二公因子载荷系数,h2 指第一、二公因子对每个变量的方差解释,u2 指第一、二公因子无法解释的方差;方差解释矩阵,包括每个公因子对整个数据集的解释程度和所有公因子的累计解释程度。最后,利用 fa.diagram()函数作图查看不同因子都包括哪些变量。上述代码分析可得,数据集的最佳公因子数目为 2,通过 fa()函数进行因子分析可得,第一、二公因子分别解释了数据集方差的 0.59 和 0.36,累计解释了 0.95,但是变量分类图显示两个公因子对变量的分类并不明确(如图 8-3)。

代码 8－3 利用 psych 包进行因子分析（方差最大因子旋转法）。

```
>data <- read.csv (file = "Example8_2.csv", row.names = 1)
>data_cor <- cor(data)
>fa_model <- fa (data_cor, nfactors = 2, rotate = "varimax", fm = "ml")
>print(fa_model)
Factor Analysis using method = ml
Call: fa(r = data_cor, nfactors = 2, rotate = "varimax", fm = "ml")
Standardized loadings (pattern matrix) based upon correlation matrix
      ML2    ML1    h2     u2     com
人口  -0.06   1.00   1.00   0.0048  1.0
教育  0.97   -0.22   1.00   0.0047  1.1
佣人  0.28    0.95   0.98   0.0193  1.2
服务  0.82    0.41   0.85   0.1495  1.5
房价  0.96    0.21   0.97   0.0321  1.1
                        ML2    ML1
SS loadings             2.63   2.16
Proportion Var          0.53   0.43
Cumulative Var          0.53   0.96
Proportion Explained    0.55   0.45
Cumulative Proportion   0.55   1.00
Mean item complexity = 1.2
Test of the hypothesis that 2 factors are sufficient.
The degrees of freedom for the null model are 10 and the objective function was 13.96
The degrees of freedom for the model are 1 and the objective function was 4.94
The root mean square of the residuals (RMSR) is 0.01
The df corrected root mean square of the residuals is 0.04
Fit based upon off diagonal values = 1
Measures of factor score adequacy
                                                  ML2   ML1
Correlation of (regression) scores with factors   1.00  1.00
Multiple R square of scores with factors          1.00  1.00
Minimum correlation of possible factor scores     0.99  0.99
>fa.diagram(fa_model, simple = FALSE)
```

代码 8－3 还是采用 fa()函数，但是将方法改为方差最大因子旋转方法，其余参数设定与代码 8－2 相同。通过分析我们发现，两个公因子分别解释了总数据集的 0.53 和 0.43 的方差，累计解释率为 96%，但是与方法 1 相比，两个因子都被很好地解释，第一公因子主要为教育、房价和服务，第二公因子为服务、人口和佣人（如图 8－4）。

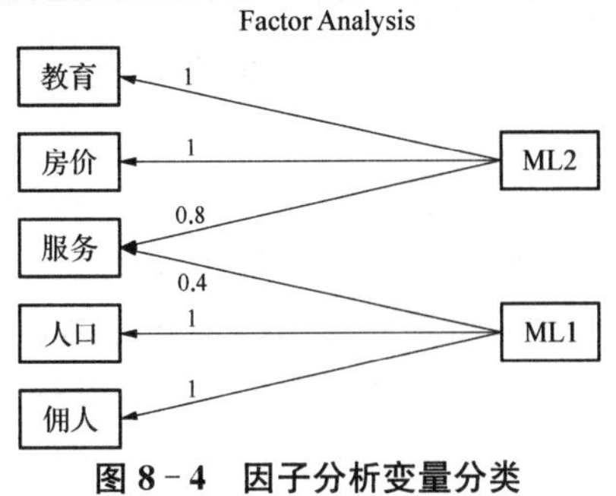

图 8－4 因子分析变量分类

代码 8-4 利用 factanal()函数进行因子分析。

```
>factanal (data, factors=2, data = NULL, covmat = NULL, n.obs = NA, start = NULL,
          rotation = "varimax", control = NULL)
Call:
factanal(x = data, factors = 2, data = NULL, covmat = NULL, n.obs = NA, start = NULL,
rotation = "varimax", control = NULL)
Uniquenesses: #
 人口   教育    佣人    服务    房价
0.005  0.005  0.019  0.150  0.032
Loadings:
        Factor1  Factor2
人口              0.996
教育   0.972    -0.223
佣人   0.277     0.951
服务   0.824     0.413
房价   0.961     0.212
                Factor1  Factor2
SS loadings       2.628    2.161
Proportion Var    0.526    0.432
Cumulative Var    0.526    0.958
Test of the hypothesis that 2 factors are sufficient.
The chi square statistic is 5.77 on 1 degree of freedom.
The p-value is 0.0163
```

用 factanal()函数进行因子分析,默认载荷矩阵的旋转方式是 varimax。返回结果主要包括:特殊方差(Uniquenesses)、成分载荷(即观测变量与因子的相关系数)、每个因子对整个数据集的方差解释、所有因子对数据集的累计方差解释。根据运行结果,我们可以得出第一公因子主要是教育、服务和房价,其荷载系数分别为 0.972,0.961,0.824。第二公因子主要是人口、佣人和服务,其荷载系数分别为 0.996,0.951 和 0.413。两个公因子共解释了 95.8%的表型方差。与 fa()函数中的方差最大因子旋转方法的结果一致。不同的方法并没有绝对好坏之分,需要从非统计学角度,即实际情况出发去解释因子。

8.3 主成分分析与因子分析的关系

主成分分析和因子分析是包含与扩展的关系。当因子分析提取公因子的方法是主成分(矩阵线性组合)时,因子分析结论的前半部分内容就是主成分分析的内容,而因子旋转是因子分析的专属(扩展),主成分分析是因子分析(提取公因子方法为主成分)的中间步骤。这就是为什么很多软件没有专门为主成分分析独立设计模块的原因。从应用范围和功能上讲,因子分析法完全能够替代主成分分析,并且解决了主成分分析不利于含义解释的问题，功能更为强大。主成分分析中，主成分可以表示为原始变量的线性组合，原始变量也可以表示为因子的线性组合；而在因子分析中，原始变量是因子的线性组合，因子却不能表示为主成分的线性组合。

练习题

8-1　某医学院测得 20 名肝病患者的 4 项肝功能指标：转氨酶(x_1)、肝大指数(x_2)、硫酸锌浊度(x_3)和胎甲球蛋白(x_4)，详见下表。试进行主成分分析。

患者编号	转氨酶(x_1)	肝大指数(x_2)	硫酸锌浊度(x_3)	胎甲球蛋白(x_4)
1	40	2.0	5	20
2	10	1.5	5	30
3	120	3.0	13	50
4	250	4.5	18	0
5	120	3.5	9	50
6	10	1.5	12	50
7	40	1.0	19	40
8	270	4.0	13	60
9	280	3.5	11	60
10	170	3.0	9	60
11	180	3.5	14	40
12	130	2.0	30	50
13	220	1.5	17	20
14	160	1.5	35	60
15	220	2.5	14	30
16	140	2.0	20	20
17	220	2.0	14	10
18	40	1.0	10	0
19	20	1.0	12	60
20	120	2.0	20	0

8-2　某市为了全面分析机械类各行业的经济效益，选择了 8 个不同的利润指标，分别为：净产值利润率(x_1,%)、固定资产利润率(x_2,%)、总产值利润率(x_3,%)、销售收入利润率(x_4,%)、产品成本利润率(x_5,%)、物耗利润率(x_6,%)、人均利润(x_7,千元/人)和流动资金利润率(x_8,%)。调查了 14 家企业的这 8 个指标的数据，如下表所

示。试进行因子分析。

企业	x_1	x_2	x_3	x_4	x_5	x_6	x_7	x_8
1	40.4	24.7	7.2	6.1	8.3	8.7	2.4	20.0
2	25.0	12.7	11.2	11.0	12.9	20.2	3.5	9.1
3	13.2	3.3	3.9	4.3	4.4	5.5	0.6	3.6
4	22.3	6.7	5.6	3.7	6.0	7.4	0.2	7.3
5	34.3	11.8	7.1	7.1	8.0	8.9	1.7	27.5
6	35.6	12.5	16.4	16.7	22.8	29.3	3.0	26.6
7	22.0	7.8	9.9	10.2	12.6	17.6	0.8	10.6
8	48.4	13.4	10.9	9.9	10.9	13.9	1.7	17.8
9	40.6	19.1	19.8	19.0	29.7	39.6	2.4	35.8
10	24.8	8.0	9.8	8.9	11.9	16.2	0.8	13.7
11	12.5	9.7	4.2	4.2	4.6	6.5	0.9	3.9
12	1.8	0.6	0.7	0.7	0.8	1.1	0.1	1.0
13	32.3	13.9	9.4	8.3	9.8	13.3	2.1	17.1
14	38.5	9.1	11.3	9.5	12.2	16.4	1.3	11.6

第9章

非参数测验

前面我们曾介绍过的假设测验和方差分析，都是假定总体具有一定的分布，测验总体参数的合理程序就是建立在这种分布的基础上。然而在许多实际问题中，人们往往无法对总体分布形态做简单假定，此时参数检验的方法就不再适用了。如果我们并不了解被研究变量的总体分布，或者已经明确知道被研究变量的总体分布与测验所依据的假定总体不符，我们仍然可以做出有关的假设测验。这种不依赖总体基础分布知识的统计测验方法，叫作非参数方法。

非参数检验(Nonparametric tests)是统计分析方法的重要组成部分，它与参数检验共同构成统计推断的基本内容。与传统的参数测验相比，非参数测验具有其自身的优点：①由于非参数测验对总体的假定比较少，因而具有广泛的适应性，同时具有较好的稳健性；②可以在较少样本的情况下进行，在一定程度上弥补了有些情况下样本资料不足的缺陷；③对连续性变数和间断性变数同样适用；④计算方式比较简单。但是非参数测验也具有不足之处，其最大的缺点就是它的检验功效比较低。一般而言，非参数检验适用于以下3种情况：①顺序类型的数据资料，这类数据的分布形态一般是未知的；②虽然是连续数据，但总体分布形态未知或者非正态，这和先前第四章介绍的卡方检验一样，称为自由分布检验；③总体分布虽然正态，数据也是连续类型，但样本容量极小，如10以下。因为有这些特点，加上非参数检验法的一般原理和计算比较简单，因此，常用于一些为正式研究进行探路的预备性研究的数据统计中。当然，非参数检验许多牵涉不到参数计算，对数据中的信息利用不够，因此，其统计检验力相对参数检验则差得多。

9.1 二项分布检验

在现实生活中，有些总体的各个个体的某个性状，只能发生非此即彼的两种结果，其取值只能是二值的。例如，种子的发芽与不发芽，施药后害虫的死亡或存活，产品的合格与不合格以及投掷硬币试验的结果可以分为正面或者反面等。这种由非此即彼事件构成的总体，叫作二项总体，而其频数的分布则称为二项分布。

在R中进行二项分布是通过样本数据测验样本来自的总体是否服从指定概率为 p 的二项分布，其无效假设 H_0 为样本来自的总体与指定的某个二项分布不存在显著差异。

该测验可以利用 chisq.test()函数实现，也可以利用 binom.test()和 prop.test()执行

单比例 z 检验。binom.test()函数适合计算精确的二项式检验，样本量较小时推荐使用。而 prop.test()函数适合当样本量较大($N>30$)时使用，它利用的是二项式分布在较大样本中与正态分布近似的原理。这两个函数的语法基本相同，使用格式如下：

```
binom.test(x, n, p = 0.5, alternative = "two.sided")
prop.test(x, n, p = NULL, alternative = "two.sided", correct = TRUE)
```

x：是此事件发生的次数，或长度为 2 的向量，分别表示此事件和彼事件发生的次数；

n：是试验的总次数；

p：是检验的理论概率，当 p=NULL 时，默认各组间比例均匀分布，比如男女两组的话即各为 0.5；

alternative：表示备择假设，并且必须是"two.sided""greater"或"less"中的一个；

correct：逻辑变量，表明是否用于连续矫正，TRUE(缺省值)表示矫正，FALSE 表示不矫正。

请注意，默认情况下，函数 prop.test()使用 Yates 连续性矫正，如果预期事件发生次数(np)或不发生次数(nq)小于 5，则这个选项会被触发，进行矫正。如果用户不希望进行矫正，可以使用 correct=FALSE。

例 9-1　以红花豌豆和白花豌豆进行杂交，在杂种二代得到 929 个植株，其中 705 株红花，224 株白花。试测验此结果是否符合遗传学上 3∶1 的分离比例。(见莫惠栋著《农业试验统计(第二版)》120 页例 6-1)

代码 9-1　利用 prop.test()函数进行二项分布检验。

```
> prop.test(x = 705, n = 929, p = 0.75, correct = FALSE)


1 - sample proportions test without continuity correction
data:  705 out of 929, null probability 0.75
X - squared = 0.39074, df = 1, p - value = 0.5319
alternative hypothesis: true p is not equal to 0.75
95 percent confidence interval:
 0.7303435 0.7852854
sample estimates:
        p
0.7588805
```

该函数返回结果：皮尔逊卡方检验统计量的值(X-squared)为 0.390 74；自由度(df)为 1；p 值为 0.531 9；95%的置信区间为 0.730~0.785；实际的事件发生比例为 0.759。这表明实际观察次数与理论次数不存在显著差异。

9.2　Kolmogorov-Smirnov 检验

柯尔莫哥洛夫-斯米尔诺夫检验(K-S 检验)，也称为 Kolmogorov-Smirnov 分布一致性检验，它基于累积分布函数，用以检验两个经验分布是否不同或一个经验分布与另一个理想分布是否不同。K-S 检验理论上可以检验任何分布，既可以做单样本检验，也可以做两样本检验。

K-S 测验的无效假设为样本来自总体的分布与指定的理论分布无显著差异或两个样本的分布无显著差异。若用 $F_0(X)$ 表示分布的分布函数，F_nX 表示一组随机样本的累积概率函数。设 D 为 F_0X 与 F_nX 差值的最大值，则定义为 $D=\max|F_nX-F_0X|$。K-S 测验就是以最大的 D 为测验统计数。

在小样本情况下，当无效假设满足时，D 测验统计数服从 Kolmogorov 分布；而大样本情况下，当无效假设满足时，统计数 $z=D\sqrt{n}$ 服从 KX 分布。

在 R 语言中利用 ks.test() 函数来进行 Kolmogorov-Smirnov 检验，其一般使用格式为：

```
ks.test(x, y, …,
        alternative = c("two.sided", "less", "greater"), exact = NULL)
```

x：为观测值向量；

y：为第二观测值向量或者累计分布函数或者一个真正的累积分布函数如 pnorm，只对累积分布函数有效；

alternative：指明是一尾检验还是两尾检验；

exact：为 NULL 或者一个逻辑值，表明是否需要计算精确的 p 值。

如果 y 是数值型的，则对 x 和 y 来自相同连续分布的无效假设进行两样本检验。y 可以是命名连续（累积）分布函数或此类函数的字符串。在这种情况下，对生成 x 的分布函数为参数进行单样本检验。

例 9－2　考查 106 个“岱字棉”原种单株的纤维长度（单位：毫米），得结果如表 3－1。试利用【单样本 K-S】检验该数据是否服从正态分布。

	A
1	length
2	27.25
3	28.55
4	28.91
5	29.29
6	29.48
7	29.86
8	30.00
9	30.33
10	30.58

图 9－1　例 9－2 的数据录入格式（仅展示前 10 行）

代码 9－2　利用 ks.test() 函数进行 K-S 检验。

```
> df<-read.csv("Example9_2",header = T)
> head(df)
  length
1  27.25
2  28.55
3  28.91
4  29.29
5  29.48
6  29.86
> attach(df)
```

```
>ks.test(length, "pnorm", mean(length), sd(length))

One - sample Kolmogorov - Smirnov test
data:  length
D = 0.029276, p - value = 1
alternative hypothesis: two - sided
```

首先使用函数 read.csv()从工作目录中读取目标数据集,再利用函数 head()查看数据集的前 6 行,随后使用函数 attach()将数据框添加到 R 的搜索路径中,最后利用函数 ks.test()测验目标数据的分布是否服从正态分布。该函数返回结果,D 值为 0.029 276,p 值为 1。结果显示 p 值大于 0.05,表明数据服从正态分布。

如果有两个样本,想要检测两个样本是否服从相同的分布,则可以采用两样本 K-S 检验。

例 9-3 为研究钾肥对大豆含油量的影响,分别在高钾肥施用量和低钾肥施用量处理的地区取得了大豆籽粒样品各 10 份,测定油分含量(%),得到以下数据:

高钾肥:19.6,20.4,18.9,19.8,20.0,20.1,20.4,20.6,19.8,21.0

低钾肥:20.2,18.8,19.9,17.8,22.1,21.5,20.7,19.7,18.8,21.2

试检验两个样本是否服从相同的分布。

代码 9-3 利用 ks.test()函数对两个样本进行 K-S 检验。

```
>x=c(19.6,20.4,18.9,19.8,20.0,20.1,20.4,20.6,19.8,21.0)
>y=c(20.2,18.8,19.9,17.8,22.1,21.5,20.7,19.7,18.8,21.2)
>ks.test(x, y)

Two-sample Kolmogorov - Smirnov test
data:  x and y
D=0.3, p - value=0.7591
alternative hypothesis: two - sided
```

该函数返回结果,D 值为 0.3,p 值为 0.7591。结果显示 p 值大于 0.05,表明两个样本具有相同的分布。

9.3 两个独立样本的测验

两个独立样本的测验使用参数测验的方法是两个独立样本的 t 测验的方法,即对两个独立样本的平均数是否相等进行测验。然而,t 测验的方法受到一些条件的限制,如要求样本必须来自正态总体,并且数据要求是连续性变量。在实际中往往很多数据并不能满足上述条件,这就需要用到非参数测验的方法对两个独立样本的平均数是否相等进行测验。两个独立样本的非参数测验便是在对总体分布不了解的情况下,通过分析样本数据,推断样本来自的两个独立总体是否存在显著差异。常用的方法是 Wilcoxon 秩和检验。

秩和检验是通过将所有观察值(或每对观察值差的绝对值)按照从小到大的次序排列,每一观察值(或每对观察值差的绝对值)按照次序编号,称为秩(或秩次)。对两组观察值(配对设计下根据观察值差的正负分为两组)分别计算秩和进行检验。

在R语言中wilcox.test()函数来进行两个独立样本的秩和测验,其一般使用格式为:

```
wilcox.test(x, y = NULL,
            alternative = c("two.sided", "less", "greater"),
            mu = 0, paired = FALSE, exact = NULL, correct = TRUE,
            conf.int = FALSE, conf.level = 0.95,
            tol.root = 1e-4, digits.rank = Inf, ...)
```

x:为数值型向量;

y:可选参数,数值型向量;

alternative:表示备择假设,并且必须是"two.sided""greater"或"less"中的一个;

mu:为一个数字,指定用于形成无效假设的可选参数;

paired:逻辑值,是否需要成对测试;

exact:参数为NULL或者一个逻辑值,表明是否需要计算精确的p值;

correct:逻辑变量,表明是否用于连续矫正,TRUE(缺省值)表示矫正,FALSE表示不矫正;

conf.int:逻辑值,判断是否计算置信区间;

conf.level:置信区间的置信水平。

例9-4 测定两个马铃薯品种的淀粉含量(%)各5次,得A品种为12.6,12.4,11.9,12.8,13.0;B品种为13.4,13.1,13.5,12.7,13.6。试测验这两个品种淀粉含量的差异显著性。(见莫惠栋著《农业试验统计(第二版)》144页例7-3)

代码9-4 利用wilcox.test()函数进行两个独立样本的测验。

```
>A=c(12.6, 12.4, 11.9, 12.8, 13.0)
>B=c(13.4, 13.1, 13.5, 12.7, 13.6)
>wilcox.test(A ,B)

Wilcoxon rank sum exact test
data:  A and B
W = 2, p-value = 0.03175
alternative hypothesis: true location shift is not equal to 0
```

该函数返回结果,W值为2,p值为0.031 75。结果显示p值小于0.05,表明两个品种的淀粉含量存在显著差异。

9.4 多个独立样本的测验

多个独立样本的非参数测验用于测验多个独立总体的分布形态是否相同,或者测验多个总体中的中位数是否相等，是单因素方差分析对应的非参数测验方法。

多个样本的秩和检验可以用 kruskal.test()函数进行，其一般使用格式为：

```
kruskal.test(x, …)
kruskal.test(x, g, …)
kruskal.test(formula, data, subset, na.action, …)
```

x：为数值型向量或存放数值型向量的列表；

g：因子向量，为 x 的相应元素提供分组信息，如果 x 是列表则忽略；

formula：是形如 lhs～rhs 的方差分析公式；

data：指明分析用的数据集；

subset：是可选项，可以用来指定观测值的一个子集用于分析；

na.action：表示遇到缺失值时应当采取的行为。

例 9－5 为比较属于同一类的四种不同食谱的营养效果，将 25 只老鼠随机地分成 4 组，每组分别为 8 只、4 只、7 只和 6 只，各采用食谱甲、乙、丙、丁喂养，假设其他条件均保持一致，12 周后测得体重增加量(单位：g)见表 9－1 所示，试用非参数测验法测验各食谱的营养效果是否存在显著差异。(见范金城，梅长林编著《数据分析》71 页例 2－10)

表 9－1 例 9－5 的数据

食谱	体重增加量							
甲	164	190	203	205	206	214	228	257
乙	185	197	201	231				
丙	187	212	215	220	248	265	281	
丁	202	204	207	227	230	276		

	A	B
1	体重	组别
2	164	1
3	190	1
4	203	1
5	205	1
6	206	1
7	214	1
8	228	1
9	257	1
10	185	2
11	197	2
12	201	2
13	231	2
14	187	3
15	212	3
16	215	3
17	220	3
18	248	3
19	265	3
20	281	3
21	202	4
22	204	4
23	207	4
24	227	4
25	230	4
26	276	4

图 9－2 例 9－5 的数据录入格式

代码 9 - 5　利用 kruskal.test()函数进行多个独立样本的测验。

```
> df<-read.csv("Example9_5.csv",header = T)
> head(df)
  体重 组别
1  164    1
2  190    1
3  203    1
4  205    1
5  206    1
6  214    1
> kruskal.test(体重~组别,data = df)

Kruskal - Wallis rank sum test
data:  体重 by 组别
Kruskal - Wallis chi - squared = 4.213, df = 3, p - value = 0.2394
```

该函数返回结果，卡方检验统计量的值为 4.213，自由度为 3，p 值为 0.239 4。结果显示 p 值大于 0.05，表明不同食谱对老鼠体重增加量的影响不存在显著差异。

9.5　两个配对样本的测验

两个配对样本的非参数测验一般用于同一研究对象（或两个配对对象）分别给予两种不同处理的效果比较，以及同一研究对象（或两个配对对象）处理前后的效果比较。前者推断两种效果有无差异，后者推断某种处理是否有效。两个配对样本的测验使用参数测验的方法是两个配对样本的 t 测验的方法，即对两个配对样本的平均数是否相等进行测验。

除参数测验法之外，对配对样本也可以进行非参数测验。两个配对样本的非参数测验在 R 语言中同样采用 wilcox.test()函数来进行。

例 9 - 6　为了检验一种新的复合肥料和原来使用的肥料相比是否显著地提高了小麦的产量，在一个农场中选择了 9 块田地，每块等分成为 2 部分，其中任意指定一部分使用新的复合肥料，另一部分使用原肥料，小麦成熟后称得各部分小麦的产量（单位：kg）见表 9 - 2 所示，试采用非参数测验法测验新、原两种复合肥的效果是否存在显著差异。（见范金城，梅长林编著《数据分析》65 页例 2 - 8）

表 9 - 2　例 9 - 6 中的数据

田块	1	2	3	4	5	6	7	8	9	9
新复合肥	459	367	303	392	310	342	421	446	430	412
原复合肥	414	306	321	443	281	301	353	391	405	390

代码 9-6　利用 wilcox.test()函数进行两个配对样本的测验。

```
>A=c(459, 367, 303, 392, 310, 342, 421, 446, 430, 412)
>B=c(414, 306, 321, 443, 281, 301, 353, 391, 405, 390)
>wilcox.test(A ,B,paired =T )

Wilcoxon signed rank exact test
data:  A and B
V = 47, p-value = 0.04883
alternative hypothesis: true location shift is not equal to 0
```

该函数返回结果，V 值为 47，p 值为 0.048 83。结果显示 p 值小于 0.05，表明新、原两种复合肥对小麦的增产效果存在显著差异。

9.6　多个配对样本的测验

上面所提到的两个配对样本的测验是多个配对样本测验的最基本的形式，要解决多个配对样本间是否具有相同的分布的问题，则需要借助于多个配对样本的检验。弗里德曼(Friedman)检验，即弗里德曼双向秩方差分析，是多个(相关)样本齐一性的统计检验，该方法是弗里德曼 1973 年提出的。与 Kruskal-Wallis 检验相比，如果各组不独立(如重复测量设计或随机区组设计)，那么 Friedman 检验会更合适。

在 R 语言中 friedman.test()函数来进行多个配对样本的测验，其一般使用格式为：

```
friedman.test(y, ...)
friedman.test(y, groups, blocks, ...)
friedman.test(formula, data, subset, na.action, ...)
```

y：为数值型向量或矩阵；

groups：因子向量，为 y 的相应元素提供分组信息，如果 y 是列表则忽略；

blocks：如果是一个向量，它给出了 y 中相应元素的区组，如果 y 是矩阵，则忽略，如果不是 factor 对象，则将其强制为 1；

formula：形式为 a～b|c 的公式，其中 a、b 和 c 分别给出数据值，相应的分组和区组；

data：指明分析用的数据集；

subset：是可选项，可以用来指定观测值的一个子集用于分析；

na.action：表示遇到缺失值时应当采取的行为。

例 9-7　为了研究人们在催眠状态下对各种情绪的反应力是否有差异，选取了 8 个受试者，在催眠状态下，要求每人按任意次序做出恐惧、愉快、忧虑和平静 4 种反应，表 9-3 给出了各受试者在这 4 种情绪状态下皮肤的点位变化值(单位：mV)。试利用非参数测验法测验受试者在催眠状态下对这 4 种情绪的反应力是否有显著差异。(见范金城，梅长林编著《数据分析》75 页例 2-12)

表 9-3　例 9-7 中的数据

情绪状态	受试者							
	1	2	3	4	5	6	7	8
恐惧	23.1	57.6	9.5	23.6	11.9	54.6	21	20.3
愉快	22.7	53.2	9.7	19.6	13.8	47.1	13.6	23.6
忧虑	22.5	53.7	9.8	21.1	13.7	39.2	13.7	16.3
平静	22.6	53.1	8.3	21.6	13.3	37	14.8	14.8

	A	B	C	D	E
1	受试者	恐惧	愉快	忧虑	平静
2	1	23.1	22.7	22.5	22.6
3	2	57.6	53.2	53.7	53.1
4	3	10.5	9.7	10.8	8.3
5	4	23.6	19.6	21.1	21.6
6	5	11.9	13.8	13.7	13.3
7	6	54.6	47.1	39.2	37
8	7	21	13.6	13.7	14.8
9	8	20.3	23.6	16.3	14.8

图 9-3　例 9-7 的数据录入格式

代码 9-7　利用 friedman.test()函数进行多个配对样本的测验。

```
> df<-read.csv("Example9_7.csv",header = T)
> data = as.matrix(df[, -1])
> friedman.test(data)
Friedman rank sum test
data:  data
Friedman chi-squared = 6.45, df = 3, p-value = 0.09166
```

使用函数 as.matrix()将数据转换成矩阵，再利用函数 friedman.test()测验不同样本平均数是否存在显著差异。该函数返回结果，卡方检验统计量的值为 6.45，自由度为 3，p 值为 0.091 66。结果显示 p 值大于 0.05，表明受试者在催眠状态下对这 4 种情绪的反应力没有显著差异。

练习题

9-1　某小麦品种的理论出苗率为 80%，现对该小麦品种进行抽样统计分析，12 次抽样出苗率结果为：80.5%、79.8%、81.3%、82.0%、75.9%、77.5%、83.1%、82.0%、73%、76.6%、79%、78.9%。试对该数据的正态性进行判断，根据数据的正态性选择适宜的参数统计分析方法，判断是否与其理论出苗率有显著差异。

9-2 以A、B两种饲料喂猪，A饲料喂的16只猪月增重(500克)为34.2，28.4，36.6，39.2，25.8，39.5，37.1，34.2，33.4，36.6，32.7，31.3，32.1，34.7，29.5，26.8；B饲料喂的14只猪月增重为1.5，25.6，24.4，22.8，19.7，26.3，29.7，29.5，34.2，27.5，36.1，29.5，28.2，30.0。试用非参数测验方法测验两种饲料对猪的育肥是否有不同效果。

9-3 福建省福安和霞浦两测报站得1963～1974年间第一代三化螟始盛期至第二代始盛期的期距(天数)于下表。试用非参数测验方法测验两地的期距有无显著差异。

年份	福安	霞浦
1963	58	49
1964	58	59
1965	57	58
1966	57	57
1967	61	50
1968	51	53
1969	56	45
1970	51	32
1971	50	48
1972	57	44
1973	54	58
1974	53	46

9-4 某工厂有A、B、C三条不同的白糖包装线，现分别从这三条白糖包装线上抽取5袋、5袋和4袋白糖，测得其净重量如下表(单位:g)。试测验这三条包装线包装的白糖的重量有无显著差异。

包装线	净重量				
A	487	492	59	507	488
B	500	498	503	501	512
C	495	494	506	499	

第10章

数据可视化

视觉感知是人类快速获取信息的重要途径，相较于数字而言，图形的表达方式能够使读者更直观、更迅速地获取信息、理解和分析数据。R语言的数据可视化功能强大，不仅有其自带的基础绘图功能，R用户们还开发了许多功能强大的绘图包，甚至包括一些专门用于制作地图、树图、3D图等专业的绘图R包。本章第一部分主要介绍基于R基础的数据可视化；第二部分将介绍如何利用目前最受欢迎的主流作图包ggplot2及其相关拓展包来实现数据可视化，考虑到ggplot2在图形的表达能力、美观度以及应用推广中的不可替代性，该部分将作为本章的重点内容进行阐述；最后，还将针对生物统计中可能用到的其他R语言包的数据可视化功能进行简单介绍。

10.1 基于R基础的数据可视化

本书前面章节中涉及的数据可视化主要通过R自带的基础绘图函数plot()实现。其实，在R安装完成后，会自带一个绘图包graphics，包含了R最基本的绘图功能，可以绘制直方图、线图、散点图和饼图等等。本节以Fisher's or Anderson's著名的鸢尾花数据集"iris"为例来探索基于R基础的数据可视化功能。

首先，我们通过以下语句查看一下iris数据集的具体组成和结构。

代码10-1 查看iris数据集。

```
>View(iris)
```

如上，运行该语句后，iris数据集将直接以表格的形式完整地展示在RStudio的Source窗口中。当需要查看其他数据集时，只需替换语句中括号里的数据集名称即可，当然，对于非自带的数据，需要先载入后再查看。通过查看iris数据集，可以发现该数据集由*setosa*、*versicolor*、*virginica* 3个品种(Species)各50朵鸢尾花的花萼长度(Sepal Length)、花萼宽度(Sepal Width)、花瓣长度(Petal Length)和花瓣宽度(Petal Width)的数据组成，为5列×150行的数据结构。下面，我们将使用该数据集在R基础上分别绘制直方图、箱线图和散点图，并探索如何进行图像的布局及排布。

10.1.1 直方图

直方图是显示数据分布情况的有效手段，在 R 基础的绘图功能中，可以利用 hist()函数绘制直方图。以 iris 数据集为例，若我们需要展示所有品种 Sepal Length 的分布情况，则可以通过运行以下代码 10－2，返回如图 10－1 所示的直方图。

代码 10－2 基于 R 基础绘制直方图。

```
>hist (iris $Sepal.Length,
      breaks = 20,
      xlab = "Sepal Length (cm)",
      main = "鸢尾花花萼长度分布直方图")
```

上例中，通过“breaks”参数指定了分组的界限数目为 20，即分组为 19 组。在实际操作中，“breaks”参数除了可以设置数字之外，还可以设置向量以及设置函数来计算。若不设置“breaks”参数，则默认为“Sturges”函数计算方法，当然，在 R 基础上，计算直方图分类数量的还有“Scott”和“FD”函数。“Scott”函数是基于标准差的计算，“FD”函数则是基于四分位的范围确定，在缺少离群值的情况下，两种方法的计算结果相近。此外，这两种方法都更适用于大样本，对小样本则过于保守。

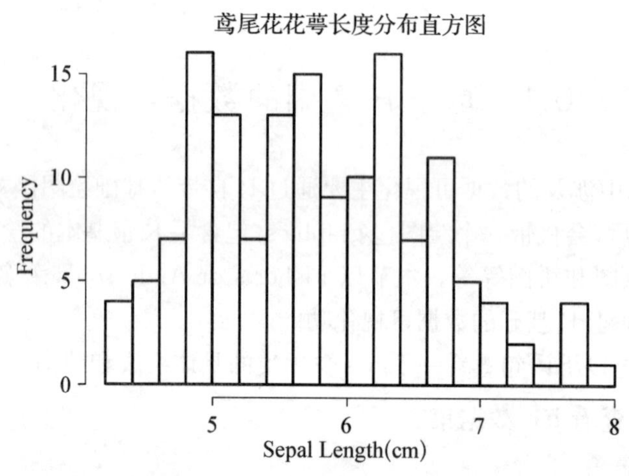

图 10－1 基于 R 基础绘制直方图

10.1.2 箱线图

箱线图可以有效展示数据的分散程度，反映出数据的最小值、第一四分位数、中位数、第三四分位数、最大值及是否有离群值。在 R 基础的绘图功能中，可以利用“boxplot()”函数绘制箱线图。以 iris 数据集为例，若我们需要展示不同鸢尾花品种 Sepal Length 的分布情况，则可以通过运行以下代码 10－3，返回如图 10－2 所示的箱线图。

代码 10－3　基于 R 基础绘制箱线图。

```
>boxplot (Sepal.Length ~ Species, data = iris,
          ylab = "Sepal Length (cm)",
          main = "不同品种鸢尾花花萼长度")
```

首先，指定数据为 iris 中不同品种的 Sepal Length。通过 ylab 设置纵轴标签、main 设置图表标题。

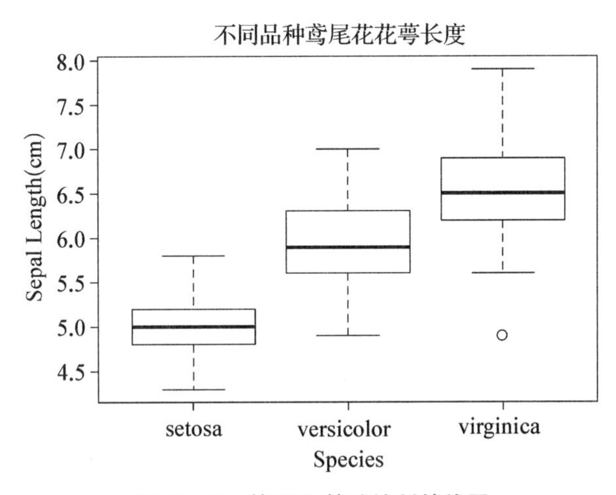

图 10－2　基于 R 基础绘制箱线图

由图 10－2 可知，三个鸢尾花品种的花萼长度水平差异明显，整体水平表现为 *virginica* >*versicolor* >*setosa*，且 *virginica* 和 *versicolor* 品种花萼长度分布最为离散，而 *setosa* 品种花萼长度分布最为集中。图中还可以清楚地看到 *virginica* 品种存在一个离群值。

10.1.3　散点图

散点图用来表示两个变量之间相互变化的关系，在 R 基础的绘图功能中，可以利用"plot()"函数绘制两个特征变量的二维散点图，以更好地认识两个特征数据之间的关系。同样以 iris 数据集为例，若我们想要探究 Petal Length 和 Petal Width 之间是否存在某种关系，则可以通过运行以下代码 10－4，返回如图 10－3 所示的二维坐标系中两者的散点图。

代码 10－4　基于 R 基础绘制散点图。

```
>plot (iris $Petal.Length,
      iris $Petal.Width,
      xlab = "Petal Length (cm)", ylab = "Petal Width (cm)",
      main = "鸢尾花花瓣长度与宽度散点图")
```

首先，指定 iris 中的 Petal Length 映射给横轴、Petal Width 映射给纵轴。通过 xlab 和 ylab 设置坐标轴标签，通过 main 设置图表标题。

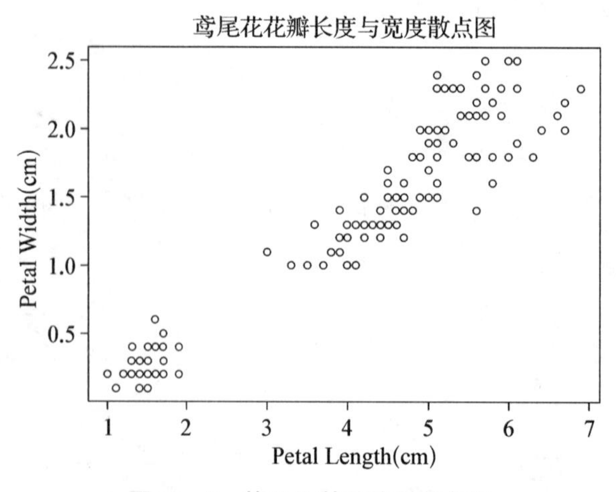

图 10-3　基于 R 基础绘制散点图

由图 10-3 可知，鸢尾花花瓣的长度和宽度之间存在较为明显的线性相关性，且呈现较强的正相关关系。同样地，通过以上代码将映射给横轴和纵轴的数据替换为 iris 中花萼长度和宽度，我们可以探索 Sepal Length 和 Sepal Width 之间的关系。结果将如图 10-4(右)所示，我们并没有看到像花瓣长度和宽度之间那样明显的线性关系。当然，读者可以根据自己的兴趣和需要通过绘制散点图来探索任意两个特征数据之间的关系，但应当注意，在实际统计分析中，还应当考虑理论基础来对数据进行合理的分析。

10.1.4　图像布局及排布

在实际情况中常常会遇到需要将多个图像组合为一幅图进行集中展示的情况，那么，在 R 基础上，可以通过 layout()函数实现图像窗口的排布设置。仍然以 iris 数据集为例，假设我们希望在一幅图中展示 Petal Length 和 Petal Width 的散点关系以及 Sepal Length 和 Sepal Width 的散点关系，则可以通过运行代码 10-5，返回如图 10-4 所示的一行两列的组合排布图。

代码 10-5　基于 R 基础的两幅图像布局及排布。

```
> layout(matrix(c(1,2),1,2))
> plot (iris $Petal.Length, iris $Petal.Width,
       xlab = "Petal Length (cm)", ylab = "Petal Width (cm)",
       main = "鸢尾花花瓣长度与宽度散点图")
> plot (iris $Sepal.Length, iris $Sepal.Width,
       xlab = "Sepal Length (cm)", ylab = "Sepal Width (cm)",
       main = "鸢尾花花萼长度与宽度散点图")
```

图像排布通过“layout ()”函数实现。参数 matrix()是确定输出控制区域被几个元素(几幅图)等分及行列安排的矩阵函数，如代码 10-5“matrix(c(1,2),1,2)”中“c(1,2)”表示有两个元素，也就是两幅图按顺序出现。后两个数字“1, 2”代表矩阵的行列数，即一行两列。然后分别添加两幅图像。

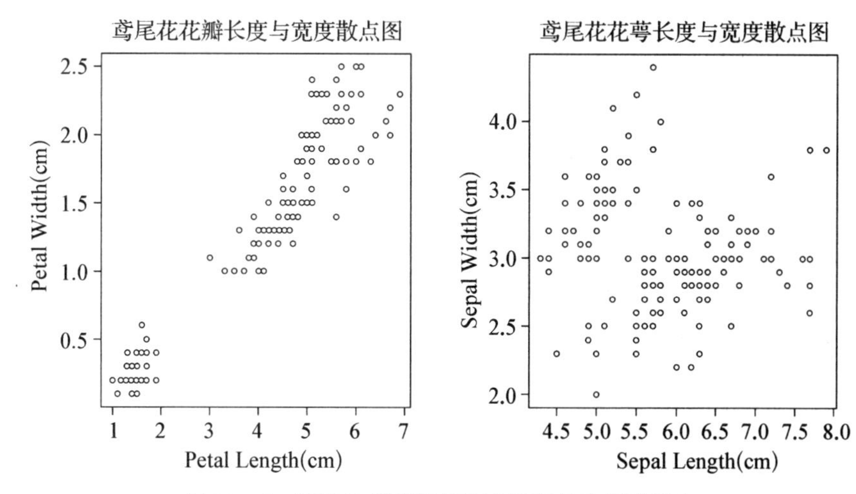

图 10-4 基于 R 基础进行两个图像的布局及排布

在本例中，只涉及两幅图像，确定了窗口按照一行两列的布局排布图像，较为简单。注意，如果不指定窗口布局的行列数，默认会按照一列多行排布。此外，当组合多个图像时，常需要不同的排布设置，这时，需要修改 layout(matrix(c(1,2),1,2))中的参数。例如，我们希望对本节中涉及的 4 个图像进行两行两列的组合，且希望两个散点图并排在下方，则运行代码 10-6，并返回图 10-5。

代码 10-6 基于 R 基础的四幅图像布局及排布。

```
> layout (matrix (c(1, 3, 2, 4), 2, 2))
> hist (iris $Sepal.Length, breaks = 20,
      xlab = "Sepal Length (cm)",
      main = "鸢尾花花萼长度分布直方图")
> boxplot (Sepal.Length ~ Species, data = iris,
         ylab = "Sepal Length (cm)",
         main = "不同品种鸢尾花花萼长度")
> plot (iris $Petal.Length, iris $Petal.Width,
      xlab = "Petal Length (cm)", ylab = "Petal Width (cm)",
      main = "鸢尾花花瓣长度与宽度散点图")
> plot (iris $Sepal.Length, iris $Sepal.Width,
      xlab = "Sepal Length (cm)", ylab = "Sepal Width (cm)",
      main = "鸢尾花花萼长度与宽度散点图")
```

代码 10-6 中，首先，通过 layout 指定窗口的出现顺序并且按照 2 行 2 列布局，接着使用 hist、boxplot 以及 plot 函数依次按照直方图、箱线图、花瓣散点图和花萼散点图的顺序添加图像即可。layout (matrix (c(1, 3, 2, 4), 2, 2))指定了四幅图像分别按照第 1、3、2、4 窗口的顺序排布，而在界面中，窗口默认顺序是先纵向后横向，因此，如果我们指定 layout (matrix (c(1, 2, 3, 4), 2, 2))，其他代码不变，那么效果将是图 10-5 中箱线图与散点图的位置调换，便不能实现两个散点图均排在下方的效果。

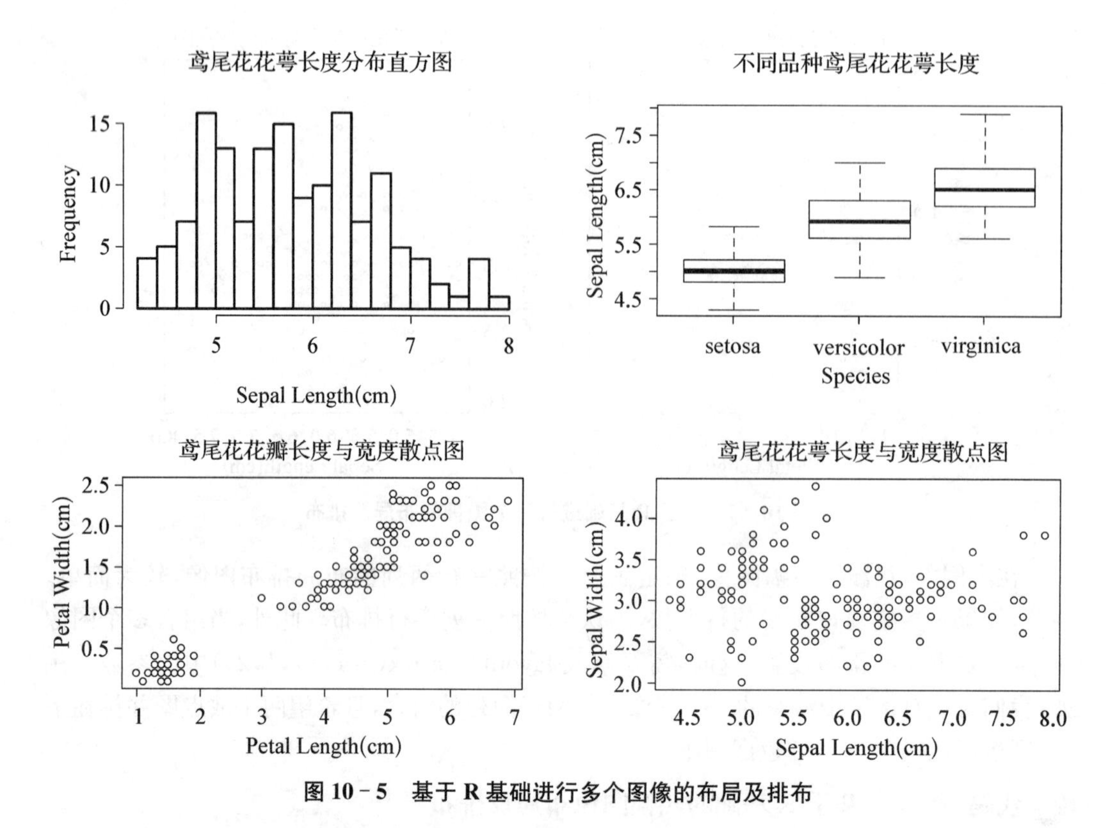

图 10-5　基于 R 基础进行多个图像的布局及排布

虽然本节中只列举了直方图、箱线图、散点图的数据可视化形式，以及图形排布在 R 基础中的实现，但基于 R 基础 graphics 包的绘图功能不止于此，表 10-1 中列举了除本节提到的其他常用绘图函数，限于篇幅，在此不再赘述。如对其他绘图函数感兴趣，可在 R 的帮助窗口中搜索相应函数名，便会出现对于该函数的详细介绍及应用代码例证。若想获取更多关于 R 基础 graphics 包的功能，可通过运行 library(help = "graphics")语句进行深入了解和学习。

表 10-1　基于 R 基础的其他常用绘图函数

基本图形类型	对应函数
条形图(垂直或水平)	barplot()
饼图	pie()
条件密度图	cdplot()
克利夫兰点图	dotchart()
矩阵散点图	pairs()
透视图	persp()

10.2 基于 ggplot2 的数据可视化

通过第一节的介绍，想必不难看出基于 R 基础 graphics 包的数据可视化功能十分强大。然而，随着人们对于图像美观度、可操作性及表达能力要求的不断提高，基于 R 基础的绘图功能已难以满足用户的要求，因此，许多 R 绘图包应运而生。其中，Hadley Wickham 创建的 ggplot2 最负盛名。ggplot2 包的绘图逻辑自成体系，几乎可实现所有图形元素的个性化设置。目前，由 Hadley Wickham 主编的 *ggplot2：Elegant Graphics for Data Analysis* 第三版也已在线上发布（https://ggplot2－book.org/index.html），可供广大爱好者自由地学习参考。

不同于其他作图包，ggplot2 包以图形语法为基础，且不受预设图形的限制，用户可以根据需要创制属于自己的图形。ggplot2 包最核心的理念是数据与绘图元素的独立映射，通过图层叠加实现元素整合。在使用 ggplot2 绘图时，一张完整的图像一般由三个基础图层构成：绘图的初始化图层，由 ggplot()函数实现，其中，最重要的是定义数据集及坐标轴所对应的变量；绘制图形元素的图层，由 geom()函数实现，用于指定图形类型，比如柱形图、直方图、散点图、线图、密度图等等；以及控制非数据显示的主题图层，由 theme()函数实现，可通过设置相应的参数控制主题的显示细节，包括颜色、字体、大小等等，并统一调整图像的最终显示效果。图层叠加时，包括绘图语句叠加时，只需要使用"＋"连接即可。接下来，我们将同样以 iris 数据集为例，利用 ggplot2 包来实现直方图、箱线图、散点图等常用的数据可视化形式并进行图像排布。

首先，利用 install.packages()安装 ggplot2 包；然后，利用 library()加载 ggplot2 包。

10.2.1 直方图

上一节中，我们已经使用 hist()函数在 R 基础 graphics 包中绘制了直方图。在 ggplot2 包中，绘制直方图的函数是 geom_histogram()，以 iris 数据集为例，同样想展示所有品种 Sepal Length 的分布情况，则可以通过运行以下代码 10－7，返回如图 10－6 所示的直方图。

代码 10－7 基于 ggplot2 绘制直方图。

```
>ggplot (iris, aes (x = Sepal.Length)) +
        geom_histogram (aes (fill = Species)) +
        labs (title = "鸢尾花花萼长度分布直方图") +
            theme (plot.title = element_text (hjust = 0.5))
```

代码 10－7 中第一行为初始图层指定数据集为 iris，并定义横轴对应变量；第二行通过 geom_histogram()指定图形类型为直方图，并将品种映射给填充色；第三行利用 labs()函数设置图标标题；第四行利用 theme()函数中的 plot.title 将图表的标题设置为居中显示。

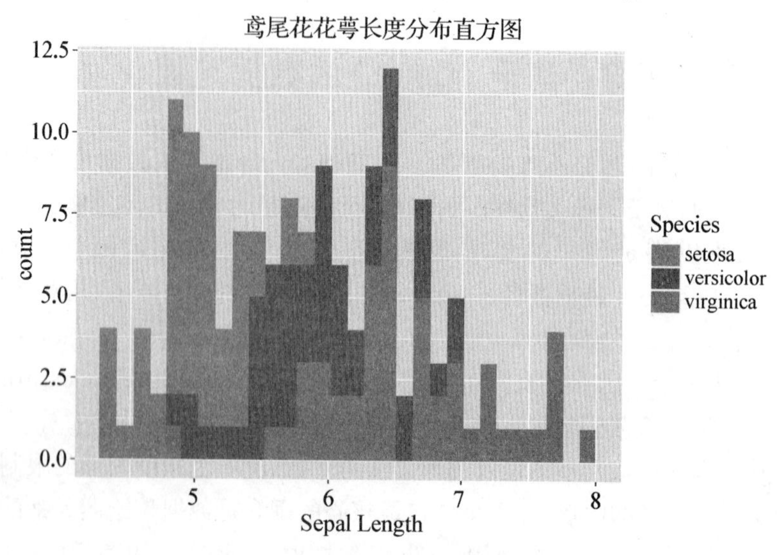

图 10-6 基于 ggplot2 绘制直方图

与图 10-1 相比，使用 ggplot2 包制作出的图 10-6 虽未进行过多的图形元素调整，但已更具有观赏性，且展示出了更多的数据信息。在绘制图 10-6 时，未用代码指定分组组数，geom_histogram()中默认为 30 个分组，当然，也可以通过“bins =”或“binwidth =”设置组数或组距来控制分组。更多细节可在 R 的帮助窗口中搜索“geom_histogram”查找有关直方图的完整参数及其设置。

10.2.2 箱线图

在 ggplot2 包中，若想展示 iris 数据集中不同品种 Sepal Length 的分布情况，可以利用 geom_boxplot()函数绘制与图 10-2 类似的箱线图。运行下面的代码 10-8，返回如图 10-7 所示的箱线图。

代码 10-8 基于 ggplot2 绘制箱线图。

```
> ggplot (iris, aes (x = Species, y = Sepal.Length)) +
        geom_boxplot (aes (fill = Species)) +
        labs (title = "不同品种鸢尾花花萼长度") +
        theme (plot.title = element_text (hjust = 0.5))
```

代码 10-8 中第一行指定数据集为 iris，并对应坐标轴变量；第二行通过 geom_boxplot()指定图形类型为箱线图，并将品种映射给填充色；第三行利用 labs()函数设置图的标题；第四行在 theme()函数中通过 plot.title 设置图表的标题为居中显示。

图 10-7 所示的结果与图 10-2 完全相同，只是不同的品种对应了不同的颜色，使得整体图形更为活泼、美观。同样，关于箱线图的更多细节设置可在 R 的帮助窗口中搜索“geom_boxplot”查找相关信息。

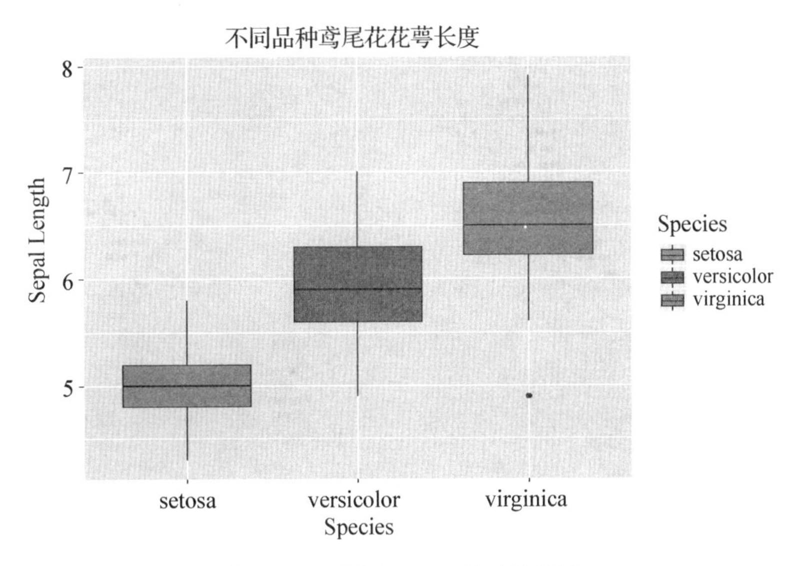

图 10－7　基于 ggplot2 绘制箱线图

10.2.3　散点图

在 ggplot2 中，如果我们希望得到与图 10－3 相似的散点图以更好地认识两个特征变量之间的关系，可以使用 geom_point()在二维坐标系中绘制 Petal Length 和 Petal Width 的散点图。运行代码 10－9，返回如图 10－8(左)所示的散点图。

代码 10－9　基于 ggplot2 绘制散点图。

```
> ggplot (iris, aes (x = Petal.Length, y = Petal.Width)) +
        geom_point (shape = 19, size = 3) +
        labs (title = "鸢尾花花瓣长度与宽度散点图") +
        theme (plot.title = element_text (hjust = 0.5))
```

代码 10－9 中第一行指定数据集为 iris，并对应坐标轴变量；第二行通过 geom_point()指定图形类型为散点图，并将点的形状设置为 19 号实心圆点；第三步还是利用 labs()函数设置标题，并在 theme()函数中通过 plot.title 设置图表的标题居中显示。

当然，在 ggplot2 中可以轻松实现散点图中两变量的线性关系拟合，只需要在以上语句后添加"＋geom_smooth(method ＝ "lm")"即可，其中，"method ＝ "lm""表示使用线性模型，默认显示 95％置信区间，如图 10－8(右)所示。如果不需要显示置信区间，则在 geom_smooth()中添加"se ＝ FALSE"，如果需要修改置信水平，如改为 99％，则添加"level ＝ 0.99"。除此之外，散点的形状及颜色、趋势线的线型及颜色均可以通过语句进行更改。

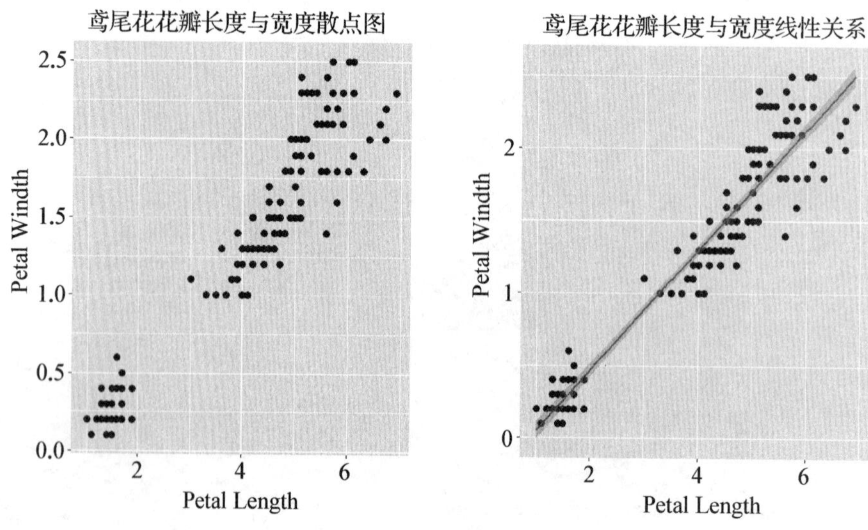

图 10-8　基于 ggplot2 绘制散点图(左)并拟合线性关系(右)

10.2.4　图像布局及排布

事实上,在图 10-8 中为了展示添加趋势线前后的散点图,我们已经用到了 ggplot2 包合并两个图像并进行左右排布。在 ggplot2 中实现该功能可利用 gridExtra 包。例如,实现图 10-8 需要先安装 gridExtra 包,然后运行代码 10-10。

代码 10-10　基于 ggplot2 图像布局及排布。

```
>library (gridExtra)
>a <- ggplot (iris, aes (x = Petal.Length, y = Petal.Width)) +
          geom_point (shape = 19, size = 3) +
          labs (title = "鸢尾花花瓣长度与宽度散点图") +
          theme (plot.title = element_text (hjust = 0.5))
>b <- ggplot (iris, aes (x = Petal.Length, y = Petal.Width)) +
          geom_point (shape = 19, size = 3) +
          labs (title = "鸢尾花花瓣长度与宽度线性关系") +
          theme (plot.title = element_text (hjust = 0.5)) +
          geom_smooth (method = "lm")
>grid.arrange (a, b, nrow = 1)
```

代码 10-10 中,首先加载图像排布需要用到的 gridExtra 包,先将图 10-8 左图和右图分别映射给 a 和 b,然后再利用 grid.arrange()使得 a 和 b 按照一行排布在一幅图像中。线性拟合通过 geom_smooth()函数实现。

10.2.5　条形图

除了以上提到的直方图、箱线图和散点图,由于生物统计中常常遇到需要比较不同处理效应均值的情况，并通过条形图进行展示。因此，在这一小节中我们将展示如何基于 ggplot2 绘制条形图。在条形图中，x 轴往往对应分类变量，y 轴则对应连续变量。如在 iris 数据集的例子中，若我们需要比较三个鸢尾花品种花瓣的平均长度，一种方式是先计算出各个品种花瓣长度的均值，然后利用计算好的数据再绘图。然而，在 ggplot2 包中，完全可以在作图时直接利用原数据进行统计变换并完成可视化，无须先对数据进行平均值的计算。具体可参照代码 10－11，返回如图 10－9 所示条形图。

代码 10－11　基于 ggplot2 进行数据变换并绘制条形图。

```
> ggplot (iris, aes (x = Species, y = Petal.Length)) +
        geom_bar (fun = "mean", stat = "summary", aes (fill = Species)) +
        labs (title = "不同品种鸢尾花花瓣平均长度") +
        theme (plot.title = element_text (hjust = 0.5))
```

代码 10－11 中指定数据集为 iris 并对应坐标轴变量后，利用 geom_bar()进行了数据转化，将数据变换为均值后作条形图。“fun=”表示数据转化所用的函数，此处为求平均值，“stat=”表示柱子高度为所计算的统计值，也就是所求的平均值。

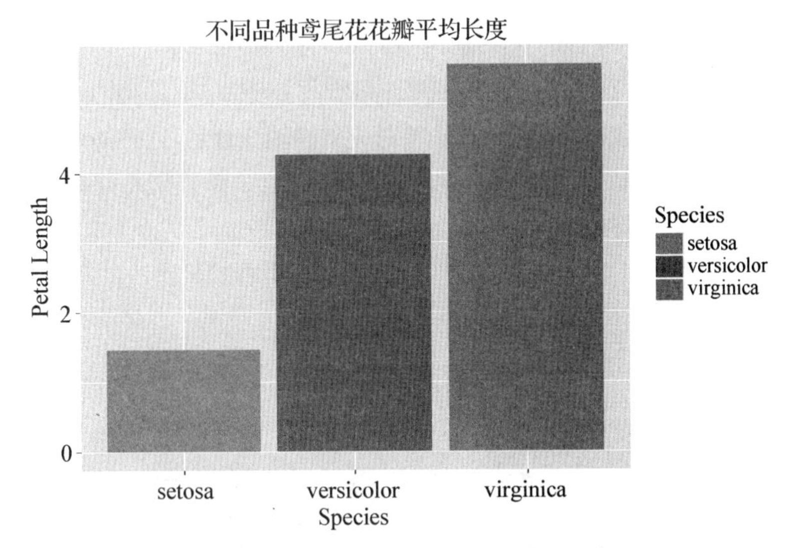

图 10－9　基于 ggplot2 进行数据变换并绘制条形图

10.2.6　线图

除了条形图之外，在生物统计中，当我们需要展示一个连续变量如何随另一个连续变量(时间、剂量等)的变化而变化时，常常会用到线图。在本小节中，我们将在 ggplot2 包中利用 Orange 数据集进行线图的绘制。

首先，我们通过以下语句查看一下 Orange 数据集的具体组成和结构。

代码 10－12　查看 Orange 数据集。

```
> View (Orange)
```

	Tree	age	circumference
29	5	118	30
1	1	118	30
15	3	118	30

通过查看(这里只展示部分数据)，我们发现该数据集包含树组(Tree)、树龄(age)和树干周长(circumference)共 3 列×35 行数据。下面利用 ggplot2 包中的 geom_line()函数绘制树干周长随树龄变化的趋势线图。运行代码 10－13，返回图 10－10 的线图。

代码 10－13　基于 ggplot2 绘制线图。

```
> ggplot (Orange, aes (x = age, y = circumference)) +
        geom_line (aes (lty = Tree)) +
        geom_point (aes (shape = Tree)) +
        labs (title = "树干周长随树龄变化趋势") +
        theme (plot.title = element_text (hjust = 0.5))
```

代码 10－13 中指定数据集为 Orange 并对应坐标轴变量后，通过 geom_line()作线图并将 Tree 映射给线型，随后利用 geom_point()在线图上添加数据点并将 Tree 映射给形状。标题内容及位置设置与前面相同。

如图 10－10 所示，五个数组的树干周长随树龄变化的趋势基本一致，树干周长均随着树龄增加而增加。另外，也可以看出，在同一个树龄下，数组 4 的树干周长值最大，而数组 3 的树干周长值基本处于最低水平。

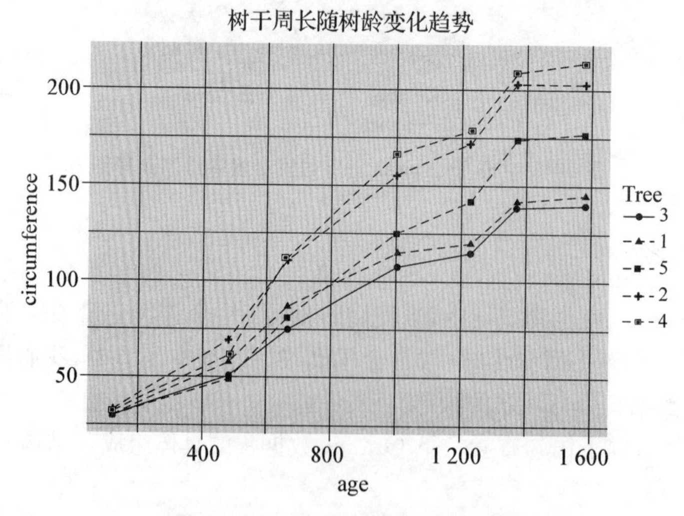

图 10－10　基于 ggplot2 绘制线图

10.2.7　修改 ggplot2 图形外观

以上由 ggplot2 所绘制出的直方图、箱线图、散点图、条形图和线图等均为图形的基本呈现。事实上，为了使图形更加清晰美观、色彩更加丰富，甚至达到出版发表的要求，往往还需要对其进行大量的外观调整。比如，主题简洁化、轴标签修改、坐标轴范围调整、图例修改与移动以及配色调整等等。下面，我们将以图 10－8(右)为例，在 ggplot2 中利用相关函数修改参数以优化图形外观，修改后的对比图如图 10－11 所示，具体代码如代码 10－14 所示。

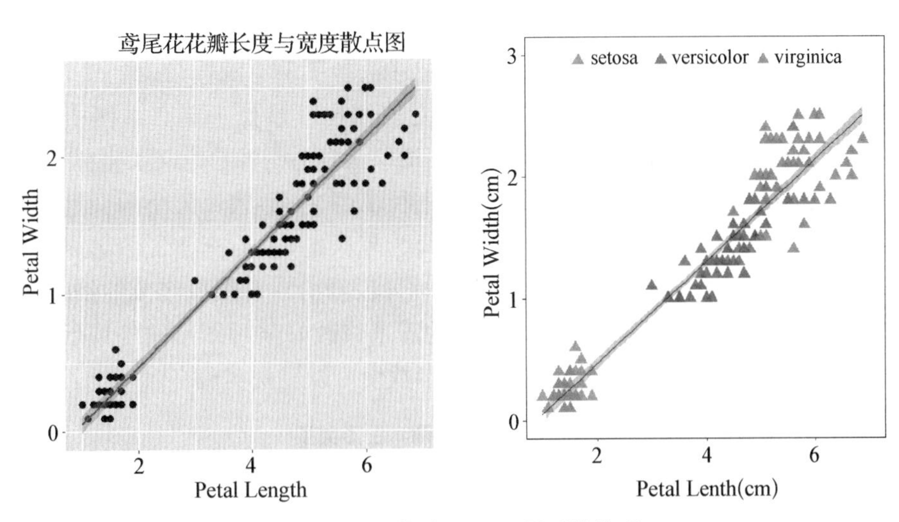

图 10－11　修改 ggplot2 图形的外观

代码 10－14　在 ggplot2 中修改图形外观。

```
>ggplot (iris, aes (x = Petal.Length, y = Petal.Width)) +
        xlim(1, 7) +
        ylim(0, 3) +
        labs (x = "Petal Lenth (cm)", y = "Petal Width (cm)") +
        geom_point (aes (col = Species), alpha = 0.8, size = 4, shape = 17) +
        geom_smooth (method = "lm", colour = "grey10", size = 0.6) +
        theme (panel.background = element_blank (),
               panel.border = element_rect (colour = "black", fill = NA),
    axis.text = element_text (colour = "black", size = 14),
    axis.title = element_text (size = 14),
    legend.direction = "horizontal",
    legend.position = c (0.5, 0.95),
    legend.spacing.x = unit (0.3, "cm"),
    legend.background = element_blank (),
    legend.text = element_text (colour = "black", size = 14),
    legend.title = element_blank (),
    legend.key = element_blank())
```

代码10－14在指定数据集并对应坐标轴变量之后，首先利用xlim()和ylim()函数设置了横、纵坐标的显示范围。在geom_point()函数中，使用alpha改变了颜色透明度，并定义了点的大小和形状。最主要的外观设置均在theme()函数中实现，包括利用panel开头的函数来实现面板属性的修改、利用axis开头的函数来实现坐标轴属性的修改以及利用legend开头的函数来实现图例属性的修改。具体地，panel.background设置图形背景空白、panel.border设置图形边框黑色、axis.text将坐标轴标签定为黑色字号14、legend.direction设置图例方向为水平、legend.position设置图例显示位置、legend.spacing.x设置图例项之间的间距、legend.background设置图例背景空白、legend.text设置图例文本属性、legend.title中去掉图例标题以及legend.key中去掉图例下的背景。

可以发现，通过简单的修改，图形外观与之前相比已焕然一新。本例中，首先通过xlim()和ylim()限制了坐标轴的范围并通过labs()函数为图像自定义了坐标轴标签添加了单位"cm"；此外，对于散点和平滑拟合线也进行了颜色、形状及大小的调整，使其更为清晰、美观；最后，在theme()函数中的修改是最为复杂的，主要调整了图形界面、坐标轴标签外观以及图例的显示效果。虽然，从代码中可以看出对于图像细节的修改往往需要较为繁复的参数修改，但是，当我们根据自己的需求修改好某种图形的外观后，便可以套用到其他图形中，细微的调节只需要简单替换参数便可以轻松实现。

表10－2　常用的基本图形类型

基本图形类型	对应函数
直方图	geom_histogram()
频数多边图	geom_freqpoly()
箱线图	geom_boxplot()
散点图	geom_point()
条形图	geom_bar()
线图	geom_line()
面积图	geom_area()
小提琴图	geom_violin()
QQ图	geom_qq()
抖动点图	geom_jitter()

事实上，由于ggplot2的图层设计和叠加理念，几乎可以对任意图形元素进行个性化设置。比如，对于坐标轴的设定，除了本例中用到的限制坐标轴范围、更改标签文本及其属性之外，还可以对坐标进行数学变换(如取对数、开根号等)，更改坐标轴刻度以及调换横、纵坐标轴等等。一般地，在确定好图形类型(见表10－2)及对应数据的显示后，通过theme()语句可以统一调整图形的最终显示效果。theme()函数是定制图形非数据部分的强大工具，包括主题、标签、字体、背景、网格线和图例的设置。其实，ggplot2包中内设了九种完整的主题可供用户直接选择套用(见表10－3)，当然，用户也可以定制组合属于自己的主题方案。

表 10 - 3 ggplot2 中常用的主题

函数	主题风格
theme_gray()	默认主题。灰色背景,白色网格线,无外框。
theme_bw()	白色背景,灰色网格线,黑色外框。
theme_classic()	仅有坐标轴,无网格线。
theme_dark()	深色背景,深色网格线,无外框。
theme_light()	白色背景,浅色网格线,浅色外框。
theme_linedraw()	白色背景,黑色网格线,黑色外框。
theme_minimal()	白色背景,浅色网格线,无外框。
theme_void()	无背景、无网格线、无坐标轴、无外框。
theme_test()	白色背景、无网格线、黑色外框。

10.3 基于 ggplot2 的拓展包应用举例

上一节已经介绍了如何使用 ggplot2 包绘制生物统计中较常用的基本图像。虽然,ggplot2 包的功能已经十分强大,然而,在实际应用中往往会遇到需要绘制更加复杂图像的情况,就需要扩展和补充 ggplot2 的功能。本节中,我们将简单介绍几个在生物统计中常用的拓展包及其主要功能,感兴趣的读者可根据需要进一步探索学习。当然,在使用任何 ggplot2 的拓展包时,都需要首先加载 ggplot2 包才能实现 ggplot2 强大的绘图功能。

10.3.1 GGally 包

当得到一个干净数据集时,在进行有针对性的分析之前,往往需要先对数据进行全面的把握以及探索性的分析。矩阵散点图便是认识数据及变量间关系最有效的工具,其包括多维数据中两两变量的散点关系、相关关系及单变量的分布情况三个部分。借助 GGally 包可轻易实现矩阵散点图的绘制。下面,我们将以 iris 数据集为例,利用 GGally 包中的 ggscatmat()函数进行探索性数据分析的可视化。运行代码 10 - 15,返回图 10 - 12。

代码 10 - 15 利用 GGally 包进行数据探索性分析。

```
> library (GGally)
> ggscatmat (iris, color = "Species", alpha = 0.8) +
          theme_bw (base_size = 10) +
          ggtitle("矩阵散点图") +
          theme (plot.title = element_text (hjust = 0.5))
```

代码 10 - 15 中首先加载 GGally 包,利用 ggscatmat()函数指定数据并将颜色映射给品种。使用 theme_bw()可以调用 ggplot2 中内设的背景。稍有不同的是,该代码中对于标题的定义是通过 ggtitle()而不是 labs()来实现的。

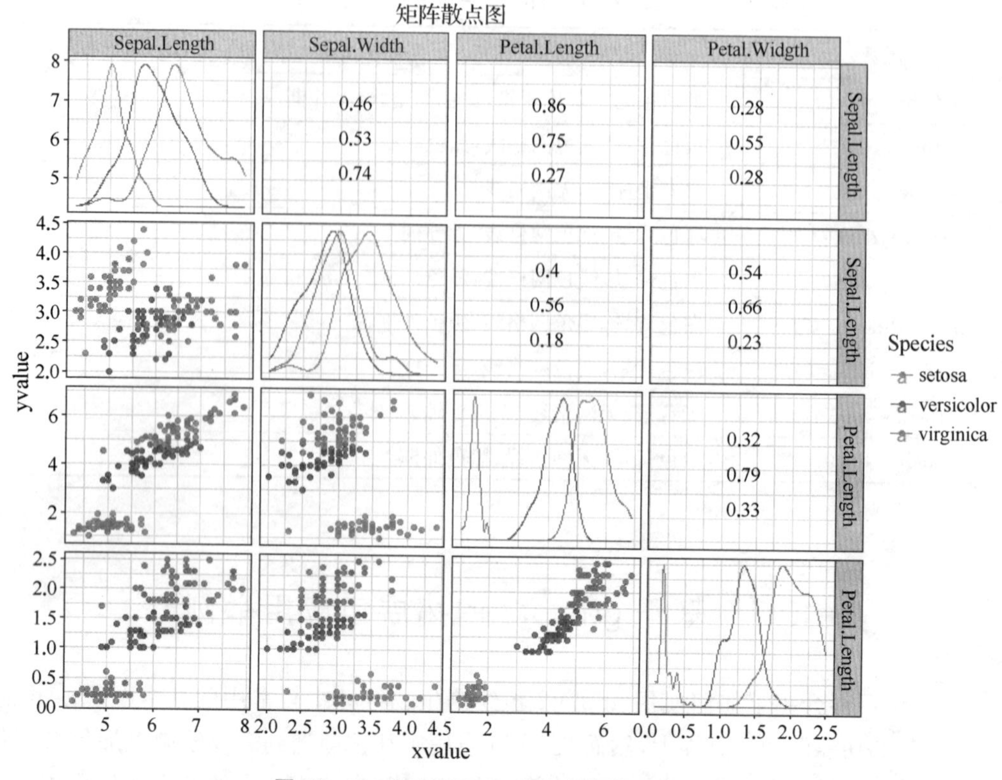

图 10-12 使用 GGally 进行数据探索性分析

通过图 10-12 可以更加完整、清晰地认识 iris 数据集的全貌。图中，下三角矩阵为变量间的散点图，可以发现，除了 setosa 品种，另外两个品种的花瓣长度、宽度与花萼长度、宽度四个变量之间存在较为明显的正相关关系。中间对角线位置展示了数据分布的密度曲线，可以发现，不同品种的花萼属性(长度、宽度)数据分布较为相似，且均为单峰分布，花瓣属性(长度、宽度)数据的分布在品种间差异较大，尤其是 setosa 和 virginica 数据分布差异最大。上三角矩阵还给出了两两变量间的相关系数，可以看出，同样两个变量间的相关性在不同品种间差异较大；品种内，virginica 的花萼长度和花瓣长度之间的相关性最强，相关系数达到 0.86；versicolor 的花瓣长度和宽度之间的相关性最强，相关系数为 0.79；setosa 的花萼长度和宽度之间的相关性最强，相关系数为 0.74。

10.3.2 ggcorrplot 包

生物统计中常进行变量间相关性的分析，相关性结果的可视化主要通过 corrplot 和 ggcorrplot 两个包。其中，ggcorrplot 包便是 ggplot2 的拓展包，相当于 corrplot 的精简包，但主题更加丰富。ggcorrplot 包含有 cor_pmat()和 ggcorrplot()两个函数，前者用于计算 p 值，后者用于绘制相关图。该包可以进行相关矩阵的重新排序，并在相关图上展示显著性水平。同样以 iris 数据集为例，下面将使用 ggcorrplot 包进行相关性分析的可视化。运行代码 10-16，返回相关性热图，如图 10-13 所示。

代码 10-16　利用 ggcorrplot 包绘制相关性热图。

```
>library(ggcorrplot)
>data("iris")
>corr <- cor(iris[,1:4])
>ggcorrplot(corr)
>p.mat <- cor_pmat(corr)
>ggcorrplot(corr, hc.order = TRUE, lab = TRUE)
>ggcorrplot(corr, hc.order = TRUE, p.mat = p.mat) +
            labs(title = "鸢尾花数据集指标相关性") +
            theme(plot.title = element_text(hjust = 0.5))
```

代码 10-16 中首先加载 ggcorrplot 包并直接加载指定数据集 iris。由于 iris 数据集中涉及"species"一列为非数值变量，该变量是不参与相关性分析的，于是，在 cor()函数中指定数据矩阵为第 1—4 列，通过简单运行 ggcorrplot(corr)即可得到图 10-13(a)。我们需要计算 p 值就使用 cor_pmat()函数实现。为了实现图 10-13(c)的效果，利用 hc.order 进行矩阵分等级聚类重排，并设置"lab = TRUE"将相关系数显示在方格中。根据前面所计算出的 p 值，可以利用"p.mat = p.mat"来增加显著性水平的显示代替相关系数，默认不显著的打"×"，即可以得到图 10-13(b)。

从图 10-13(a)可知，花瓣的长度和宽度呈现明显的正相关关系，而花瓣长度和宽度均与花萼的宽度存在较为明显的负相关关系，但与花萼的长度呈正相关，随后我们在图 10-13(c)里可以读出以上的相关系数分别为 0.96、−0.43 和−0.37、0.87 和 0.82，且图 10-13(b)说明以上相关关系均显著。

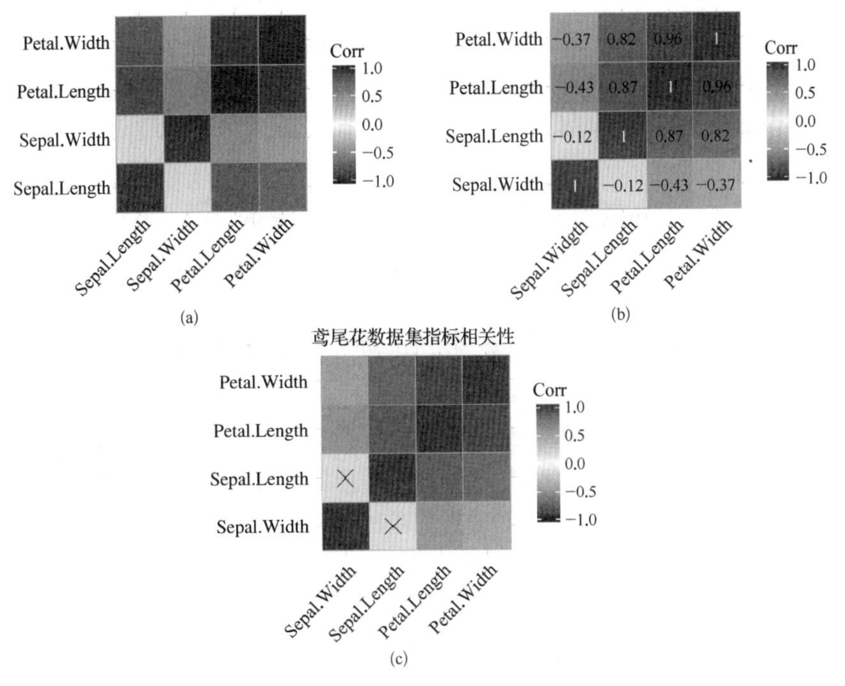

图 10-13　使用 ggcorrplot 包绘制相关热图

10.3.3 ggsci 包

ggsci 包专门用于配色，它提供了一个 ggplot2 调色板的集合，该包作者的配色灵感来自于科学期刊、数据可视化库、科幻电影和电视节目中。值得一提的是其根据不同期刊的风格所创建的调色板，为科研人员发表学术论文提供了方便的配色参考。例如，针对于《自然》期刊的 NPG 调色板，可通过 scale_color_npg()和 scale_fill_npg()语句调用，效果如图 10－14 所示。需要注意的是，ggsci 中的调色板仅为研究目的而创建，有些调色板并非是其他目的最佳选择。例如，对于色盲者而言，可以使用 viridis 色板等。

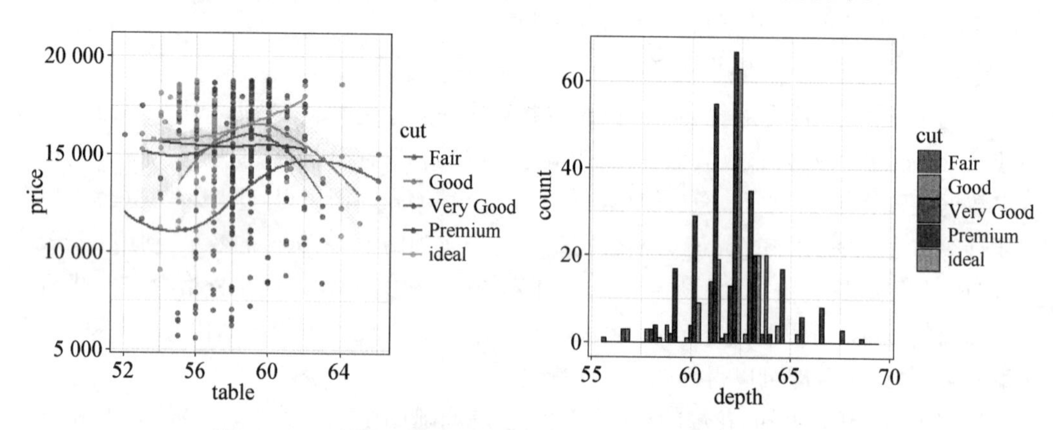

图 10－14　利用 ggsci 包的 NPG 调色板绘制《自然》色彩的图像

（图片来源：https://nanx.me/ggsci）

10.3.4 ggthemes 包

在第二节最后，我们提到 ggplot2 目前内设了 9 种完整的主题形式，而 ggthemes 扩展包则提供了更多的完整主题形式，包括针对经济类、地图的主题。例如，若需使用经济类主题，可以通过安装、加载 ggthemes 包，然后运行 theme_economist()即可。

当然，除了以上介绍的四个包之外，目前，ggplot2 拓展包的官方网站（https://exts.ggplot2.tidyverse.org/gallery/）上注册可用的拓展包已达 99 个。

10.4 其他数据可视化专用 R 包

R 中的绘图工具除了内置的基础绘图函数和 ggplot2 包以及与 ggplot2 相关的拓展包以外，还有大量的专有绘图包，基本可以实现用户的专业绘图需求。本小节以韦恩图、马赛克图、谱系图以及三维散点图为例进行简单的展示。

10.4.1 韦恩图

韦恩图（venn diagram），也叫温氏图、维恩图，用于展示数据集合之间元素的重叠状况，分析集合之间的关系。在韦恩图中集合用圆表示，圆的重叠部分表示集合所共有的信息。一般来说，超过 5 个集合后就不再适合使用韦恩图，此时集合间重叠的信息难以辨识。R 中 VennDiagram 包、gplots 包等都可以用来绘制韦恩图。这里利用 VennDiagra 包的 venn.diagram()函数展示韦恩图的主要绘制过程。运行如下代码 10 - 17，返回图 10 - 15 所示的韦恩图。

代码 10 - 17　利用 VennDiagra 包绘制韦恩图。

```
> library(VennDiagram)
  > A <- sample(1:1000, 400, replace = FALSE);
  B <- sample(1:1000, 600, replace = FALSE);
  C <- sample(1:1000, 350, replace = FALSE);
  D <- sample(1:1000, 550, replace = FALSE);
> venn.plot <- venn.diagram (x = list ( A = A, D = D, B = B, C = C),
                             filename = NULL, col = "transparent",
                             fill = c ( " cornflowerblue", " green", " yellow", "
darkorchid1"),
                             alpha = 0.50,
                             label.col = c ("orange", "white", "darkorchid4", "white",
                                     "white", "white", "white", "white", "darkblue",
                                     "white","white", "white", "white", "darkgreen",
"white"),
                             cex = 1.5,  fontfamily = "serif",
                             fontface = "bold",
                             cat.col  =  c  ( " darkblue", " darkgreen", " orange", "
darkorchid4"),
                             cat.cex = 1.5, cat.pos = 0,
                             cat.dist = 0.07, cat.fontfamily = "serif",
                             rotation.degree = 270, margin = 0.2)
> grid.draw (venn.plot)
```

代码 10 - 17 中加载 VennDiagram 包后直接利用 sample()函数生成 A、B、C、D 四个数据集合，然后通过 venn.diagram()绘制包含该四个数据集的韦恩图，需要注意的是，该步骤之后韦恩图不会直接显示在 plot 窗口中，需要运行 grid.draw(venn.plot)语句才能实现图形的可视化。

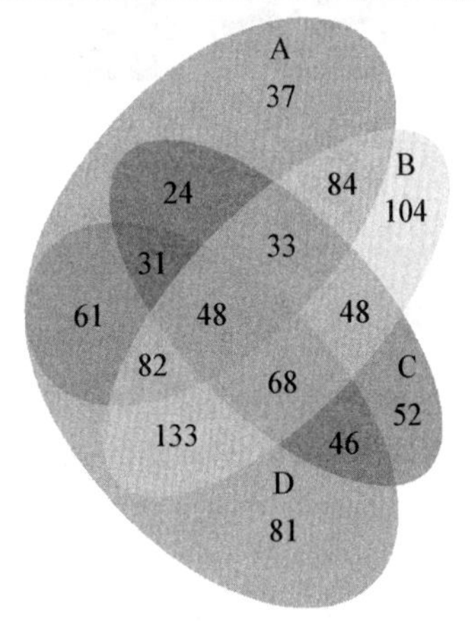

图 10 - 15　利用 VennDiagram 包绘制韦恩图

10.4.2　马赛克图

马赛克图(mosaic plot)常用来展示分类数据中两个变量之间的关系，类似于完全堆叠的条形图，但条形图在轴标尺上具有相等的长度，并被划分成段。马赛克图可使列联表数据图形化，可以提供数据的概览，但有时候阅读相对困难。在 R 中，可以利用 vcd 包的 mosaic()函数绘制马赛克图，在本小节中，将使用该包并配合 UCBAdmissions 数据集进行马赛克图的绘制，运行如下代码 10－18，返回如图 10－16 所示的马赛克图。

代码 10－18　利用 vcd 包绘制马赛克图。

```
> library(vcd)
> mosaic(~ Dept + Gender + Admit,
         data = UCBAdmissions,
         highlighting = "Admit",
         highlighting_fill = c("lightblue", "pink"),
         direction = c("v", "h", "v"))
```

代码 10－18 中加载 vcd 包后，使用 mosaic()函数对内置的 UCBAdmissions 数据集绘制马赛克图。

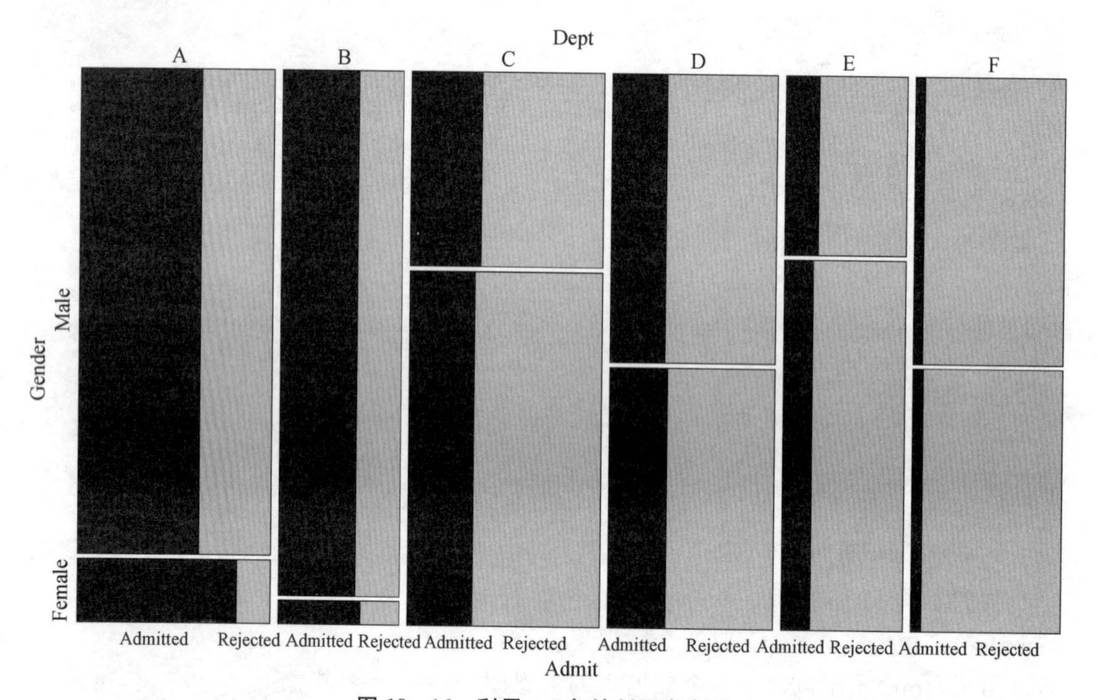

图 10－16　利用 vcd 包绘制马赛克图

数据的内容是不同性别(Gender)的人申请不同的系(Dept)，获得同意(Admitted)或拒绝(Rejected)的次数。从图中可以看出，不同的系别接收和拒收的比率存在明显不同，F 系的拒收率在所有系中最高；且不同的系别对不同性别的申请人的偏好不同，A 系对女性的拒收率比男性更低，而男性申请 C 系或 E 系比女性更有优势。

10.4.3　谱系图

谱系图(dendrogram)也称聚类图、树形图，通常是对聚类分析结果的图形化展示。

聚类分析是将一组包含多个自变量的观测数据，依据其在多维空间中的距离远近归类为若干类别的过程。谱系图在进行可视化时像分开的树枝，因此，也被称作“聚类树”“树状图”等。在本小结中，我们将利用 ape 包并配合 mtcars 数据进行谱系图的绘制。运行代码 10－19，并返回如图 10－17 所示的谱系图。

代码 10－19 利用 ape 包绘制谱系图。

```
>library (ape)
>hc <- hclust (dist (mtcars))
>plot (as.phylo (hc),
      type = "fan",
      tip.color = hsv (runif (15,0.65, 0.95), 1, 1, 0.7),
      edge.color = hsv (runif (10, 0.65, 0.75), 1, 1, 0.7),
      edge.width = runif (20, 0.5, 3),
      use.edge.length = TRUE,
      col = "gray80")
```

代码 10－19 中，加载 ape 包后，利用 hclust()计算分层聚类。在使用 plot()函数绘图时，定义为扇形谱系图，当然，如果不定义时默认为树状谱系图。

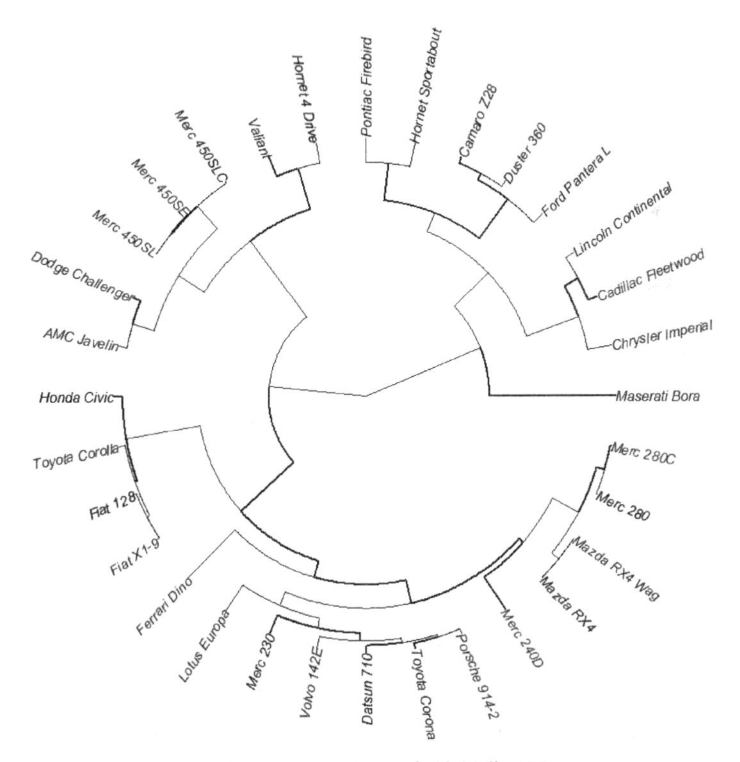

图 10－17 利用 ape 包绘制谱系图

在本例中，利用 hclust()函数将 mtcars 中数据进行层次聚类，根据一定的距离算法，将距离相近的聚为一类，每个组进一步分为两个更小的组，最终使得小组内部更为相似。在生物学中，谱系图常用来进行系统发育、进化多样性等的研究。ape 包对树的性状有着很多控制，能够根据需要定制不同的外观。本例中选择了圆形树状图，并且自定义了“树枝”和“树叶”的颜色。

10.4.4 三维散点图

随着研究者所分析的数据愈加复杂及对于数据可视化要求的不断提高，在应用中常碰到在三维空间中展示分析结果的问题，针对这种情况，R 中有专用的绘图包可以实现。本节中，我们将以生物统计中较为常用的三维散点图进行实例展示，利用 scatterplot3d 包在三维坐标系中绘制三维散点图。当然，除了 scatterplot3d 包，还有 plot3D 包、plotly 等包也可进行三维图像的绘制，包括透视图、曲面图、甚至是在线可交互式图像等。读者若有兴趣可进行拓展学习。下面，我们以 scatterplot3d 包的 scatterplot3d()函数和内置的 trees 数据进行三维散点图的绘制。运行代码 10 - 20，返回如图 10 - 18 所示的三维散点图。

代码 10 - 20 利用 scatterplot3d 包绘制三维散点图。

```
> library (scatterplot3d)
> data (trees)
> s3d <- scatterplot3d (trees, type = "h", highlight.3d = TRUE,
                        angle = 55, scale.y = 0.7, pch = 16,
                        main = "scatterplot3d")
> s3d $points3d (seq (10, 20, 2), seq (85, 60, -5),
                 seq (60, 10, -10), col = "blue",
                 type = "h", pch = 16)
```

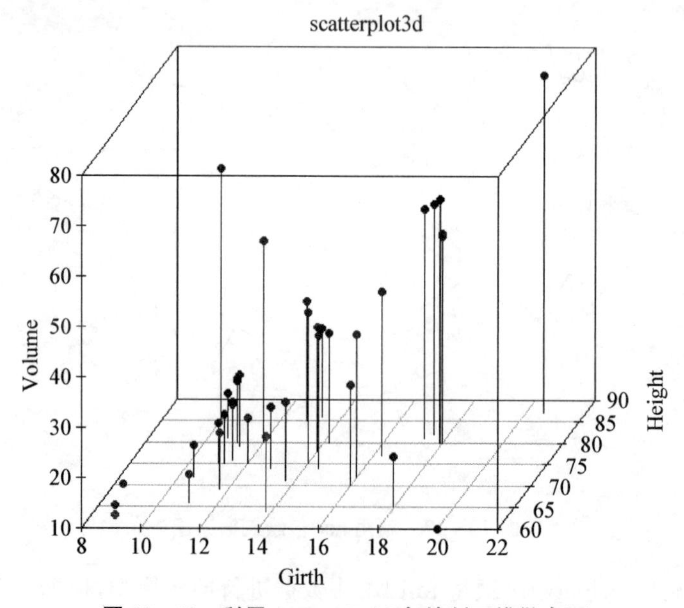

图 10 - 18 利用 scatterplot3d 包绘制三维散点图

代码 10－20 中，加载 scatterplot3d 包并直接加载内置数据集 trees，利用 scatterplot3d()函数绘制三维散点图。当然，为了数据分析结果解读方便，使用 points3d()函数人为添加了参考点以更好地展示所得规律。通过图 10－18 可以发现，trees 数据中所包含的 Girth(周长)、Height(高度)和 Volume(体积)指标被分配在三维空间中的三个坐标轴上。

练习题

10－1　请利用例题 3－3 中计算出的统计数，利用 ggplot2 包绘制如图 10－7 所示的箱线图，并描述箱线图结果。

10－2　请以 10.2.6 节中的线图 10－10 为基础对以下外观进行修改：

(1) 修改纵坐标轴范围为 0—300，设置坐标间隔为 100；

(2) 设置图形背景为白色、图形边框为黑色；

(3) 将图例文本、坐标轴标签及标题统一为黑色、字号为 16；

(4) 将线型均改为实线，并设置不同颜色以代表不同分组。

主要参考文献

1. Winston Chang. R Graphics Cookbook [M]. USA：O'Reilly Media，2018.

2. Hadley Wickham，Garrett Grolemund. R 数据科学[M]. 北京：人民邮电出版社，2018.

3. Hadley Wickham. ggplot2：数据分析与图形艺术[M]. 第 2 版. 西安：西安交通大学出版社，2018.

4. Robert I. Kabacoff. R 语言实战[M]. 北京：人民邮电出版社，2016.

5. 薛震，孙玉林. R 语言统计分析与机器学习[M]. 北京：中国水利水电出版社，2020.

6. 莫惠栋. 农业试验统计[M]. 第 2 版. 上海：上海科学技术出版社，1992.

7. 徐辰武，章元明. 生物统计与试验设计[M]. 北京：高等教育出版社，2015.

8. 杨泽峰，徐辰武，顾世梁. SPSS 农业试验数据分析实用教程[M]. 南京：南京大学出版社，2009.

9. 盖钧镒. 试验统计方法[M]. 北京：中国农业出版社，2013.

10. 杨泽峰. 常用统计软件的应用[M]. 南京：南京大学出版社，2020.

11. 汪海波，萝莉，汪海玲. R 语言统计分析与应用[M]. 北京：人民邮电出版社，2018.

12. 林志章，张良均. R 语言编程基础[M]. 北京：人民邮电出版社，2019.

13. 张杰. R 语言数据可视化之美：专业图表绘制指南（增强版）[M]. 北京：电子工业出版社，2019.

14. 王斌会. 数据统计分析及 R 语言编程（第二版）[M]. 北京：北京大学出版社，2017.

15. Garrett Grolemund 著. R 语言入门与实践[M]. 冯凌秉译. 北京：人民邮电出版社，2016.

16. 汪海波，罗莉，汪海玲. R 语言统计分析与应用[M]. 北京：人民邮电出版社，2018.